隱藏著壓倒性的存在感和強大的力量

男人們永遠的憧憬！

THE GUN BIBLE
Gunの
世界!!

在『惡靈古堡』中大顯身手！
轉輪手槍的領導者

柯爾特蟒蛇手槍
.357 麥格農

在電玩『惡靈古堡』中因為能打爆殭屍的頭而讓人印象深刻。這款堅固、可靠性高的轉輪手槍可以使用強力的麥格農彈、減少火藥量的減裝彈等各種子彈，而且可以確實地進行射擊動作。再加上外表又帥氣，是在多媒體的世界中讓人感到魅力的領導級武器。

美劇『反恐24小時』
傑克・鮑爾
愛用的槍!!

SIG SAUER
P226

史密斯威森公司的P220系列外型陽剛，是被美軍的SEALS及世界各國特種部隊採用的優秀自動手槍。除了被自衛隊採用的P220之外，P225、P226、P228、P229等版本的評價也很高。由於是國家機關的愛用手槍，因此在電影類的作品中常是以正義一方使用的武器之姿登場。

從誇張的槍身
擊出威力強大的子彈！
沙漠之鷹
.50 AE

沙漠之鷹是歐美遊戲界裡最受歡迎的名槍，也是電腦遊戲『戰慄時空』中高登‧弗里曼博士的代名詞。本槍由美國麥格農研究所研發，在以色列的IMI生產，是大口徑／大型自動手槍。可以發射自動手槍的最大級50口徑AE子彈，其威力可以讓大顆西瓜像氣球一般地爆發四散。

出場於各種作品
永遠的必備角色
科爾特 M1911 A1

自1911年被美軍採用為制式起，已經過了1個世紀，但其可靠性被認為已經沒有改良的餘地。雖然目前美軍的制式手槍已經改為貝瑞塔，但還是有許多士兵對.45 APC子彈的制止力有絕對的信心。本槍曾長期作為美軍的制式武器，所以對媒體界來說是很熟悉的手槍，在動作片中，要找出沒有科爾特Government出現的作品反而比較難。

最強的狙擊手
哥爾哥13選用的萬能槍
科爾特 *M16A2*

和俄國（前蘇聯）的AK47並列為雙雄的M16系列中，在1982年～90年代之間被美軍採用為制式步槍的是M16A2。本槍廢除了全自動射擊模式，改為3發點放模式（扣一次扳機就會射出3發子彈）。前述的M4是M16A2的卡賓型，換句話說就是兄弟槍。在日本，M16是因出現在『哥爾哥13』中而很知名。哥爾哥愛用的是A1，但在第100集『傑作‧突擊步槍』中更新為A2。

更加進化的
AK系列最新型
AK74M

AK74是俄國受美國M16系列的刺激，從AK47改良而來的小口徑突擊步槍。AK74的口徑是5.45mm，但可以發射殺傷力很強的子彈。最新型的AK74M，把塑膠製的折疊式槍托列為標準裝備。圖片是Tokyo Marui的AK74MN。

魅力之處是裝備之豐富
可以對應各種特種作戰的需要
SOPMOD M4

以美軍採用為制式的M4A1卡賓槍為基礎，應USSOCOM（美軍特種作戰司令部）的要求而研發的，是特種作戰規格的特殊套件SOPMOD（Special Operations Peculiar Modification—1：特種作戰用裝備 1）M4。其特色是可以依作戰內容來加裝各種配件。近年來比起電影，更常出現在電玩之中。在遊戲『決勝時刻 4』中是以美國海軍陸戰隊的標準裝備之姿，在所有的舞台中登場。

被貼上壞人用槍的標籤
悲劇的「卡拉什尼科夫」
AK47

以「卡拉什尼科夫」的名字廣為人知的AK47，把授權生產與拷貝品都算在內的話，是史上生產量最大的突擊步槍。構造簡單所以堅固耐用，命中率雖然稍低，但卻是一把可以無視戰場條件使用的可靠步槍。

配合日本人體格的
國產突擊步槍
89 式小銃

日本陸上自衛隊所採用的國產自動步槍。除了和美軍的M16採用同樣的5.56mm彈藥之外，彈匣也可以通用。精銳部隊的第一空降旅使用的則是折疊式槍托的版本。順便一提，Tokyo Marui的89式小銃的電動槍，被自衛隊購買為練習用槍。

常在動畫中登場
造形有未來感的
斯泰爾*AUG*

從被稱為「犢牛頭犬式」的構造中誕生，外形特殊的突擊步槍。除了造形有未來感之外，由於是在不犧牲槍管長度下去縮短槍身長度，所以是兼具命中度和機動性的步槍。造形令人印象深刻，因此常在動漫畫中登場。

保護VIP們的生命
SP愛用的烏茲衝鋒槍
烏茲衝鋒槍

以色列製的烏茲衝鋒槍，是美國特勤局也會使用的小型衝鋒槍。圖片中的款式是基本型，折疊起來的槍托在拉長後可以抵在肩部進行射擊。

各國特種部隊
用來執行正義的武器
H&K MP5-J

德國H&K公司所研發的MP5系列是命中精度很高的衝鋒槍。依零件的組合，類型可以超過100種。日本傚效世界各國的反恐部隊，讓警察的SAT（特殊急襲部隊）及槍器對策本部採用本槍。

針對反恐作戰而研發的
高精度狙擊步槍
H&K PSG-1

因為慕尼黑慘案，德國的黑克勒—科赫公司針對警查的反恐部隊研發出了高性能的狙擊槍，也就是PSG-1。雖然是半自動的狙擊槍，但精確度很高，可以從遠處打倒複數的恐怖分子。

在動作片中非常出鋒頭！
戰鬥專用霰彈槍
SPAS 12

經常在『魔鬼終結者』、『株羅紀公園』等動作片中登場的戰鬥用霰彈槍。可以切換成半自動或泵動式兩種射擊模式，需要快速射擊時可以設定為半自動，使用特殊彈藥時則可切換成泵動模式。

圖片提供／Tokyo Marui http://www.tokyo-marui.co.jp/
※彩色頁所介紹的槍械，全是Tokyo Marui販賣的電動槍及瓦斯槍。

遊戲、動畫、電影中登場的

[圖解] 世界
槍枝聖經

THE
GUN
BIBLE

少年時代很愛看的
『魯邦三世』中的瓦爾特P38、
『魔鬼終結者』中的SPAS 12、
現代的遊戲『惡靈古堡』中的柯爾特蟒蛇 .357麥格農、
美劇『反恐24小時』中的SIG SAUER P226……
不管在任何時代，
會讓男生們心蕩神馳的作品，
主角總是會拿著槍，帥氣登場。
那些主角用槍大展威能的畫面，
會讓觀看者的心會回到「少年」時代。
本書會針對關於這些手槍、機槍、步槍等槍械的
「槍栓是什麼？口徑又是什麼？」
「機槍和步槍有什麼不同？」等的單純疑問、
以及「讓子彈發射的運作機制是什麼？」
等槍械的基礎構造、
有名的槍械的研發軼事、實射報告等等，
做出讓槍械的入門者也能懂的解說。
看完本書之後，
那些在遊戲、動畫、電影中登場的槍械，
在您的眼中應該會放出更閃亮的光輝才是。

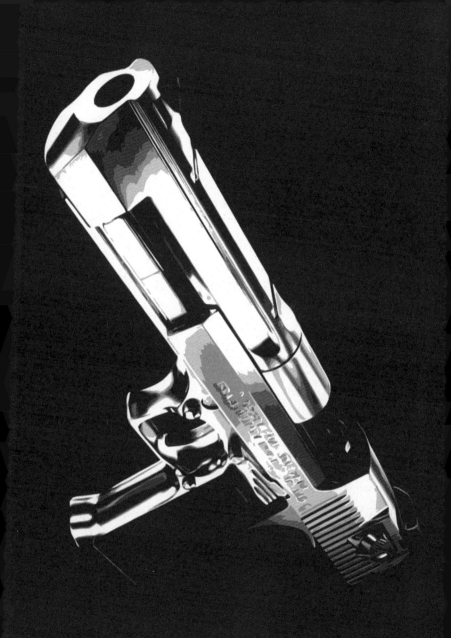

第 1 章
基礎知識篇

第 2 章
手槍篇

C O N T E N T S

CHAPTER.1

想要多認識在遊戲或電影中
主角們愛用的那些槍械。
但是擋在「我想更知道那些槍！」的您面前的，
是難懂的「專有名詞」障壁。
本章中會把瞭解槍械時所需的
最低限度基礎知識做簡單明瞭的解說。
此後看到關於槍械的解說時，
會更有樂趣！

基礎知識篇
BASIC OF GUNS

基礎知識篇

手槍篇

步槍篇

衝鋒槍篇

機槍篇

狙擊步槍篇

霰彈槍篇

彈藥篇

在日本也可以用的實槍篇

來想想
關於**槍砲用語**的事吧

對初學者來說，看介紹槍械的書時，
首先會覺得困擾的應該是專有名詞很多這點吧。
尤其這類書中的片假名使用頻率很高，而且把片假名改寫成漢字後反而更看不懂。
因此本書會先把書內用到的名詞整理出來介紹給大家。

◆槍砲用語會很難嗎!?

　「把Cartridge（子彈）Load（裝填）進Chamber（膛室）之中，再扣下Trigger（扳機）。這個動作會讓Hammer（擊錘）撞擊Firing pin（撞針）；接著Firing pin會撞擊Cartridge底部的Primer（雷管）來Deflagration（引爆）Gun Propellant（發射藥）。Bullet（彈頭）會因這個壓力而在Barrel（槍管）內隨著Rifling（膛線）旋轉，最後從Muzzle（槍口）發射出去」

　光是簡單地說明發射的步驟，就會用到這麼多片假名（譯注：上一段中的片假名已改為英文）。雖然在後面加上漢字來做說明，但還是有很多難以想像它們是什麼意思的詞語。這就是初學者很難進入槍械世界的一大原因。但不瞭解這些槍械詞彙的話，就沒辦法理解槍械了。

◆閱讀本書時的注意事項

　本書的各章分別為「手槍篇」、「步槍篇」、「機槍篇」等等。但在解說文中，有時會把手槍寫成「Handgun」、步槍寫成「小銃」、機槍寫成「Machine Gun」等等，另外子彈也可能寫成「彈藥」或「實彈」等等不同的詞彙。這是因為一味地把名詞統一的話，有時反而不容易理解其意義，而且各種詞彙之間的語感也有細微的不同。解說文中會盡量把詞彙間的關聯性寫得簡單好懂，並盡可能地加上註釋。請仔細閱讀本書，把槍砲詞彙變成屬於自己的知識吧。

※Rifling（膛線）：參照第18頁。

基礎知識篇

手槍篇

步槍篇

衝鋒槍篇

機槍篇

狙擊步槍篇

霰彈槍篇

彈藥篇

在日本也可以用的實槍篇

本書中使用的槍炮詞彙以及對應的英語

- （Handgun）：手槍
- （Revolver）：轉輪手槍
- （Automatic）：自動手槍
- （Semi-automatic）：半自動手槍
- （Rifle）：步槍
- （Assault Rifle）：突擊步槍
- （Carbine）：卡賓槍（把全長縮短的步槍）
- （Submachine Gun）：衝鋒槍（使用手槍彈種的機槍）
- （Machine Pistol）：全自動手槍
- （Machine Gun）：機槍
- （Light Machine Gun）：輕機槍
- （Sniper Rifle）：狙擊步槍
- （Sniper）：狙擊兵（狙擊手）
- （Anti-Material Rifle）：反物資步槍
- （Shotgun）：霰彈槍
- （Cartridge）：子彈＝彈藥＝實彈（與空包彈相對的詞彙）

簡單解說本書中使用到的槍炮用語

- 彈殼＝收納彈頭、發射藥、雷管等的小容器。
- 裝填＝把彈藥裝入膛室的動作。
- 退殼＝把擊發後的空彈殼從膛室中取出的動作。
- 扳機＝發射子彈時需扣下的部位。
- 火藥槍＝使用火藥的槍（與空氣槍相對的詞彙）。

槍炮用語中，表示火藥的分量（重量）或子彈的重量的單位是「格令（Grain）」。1格令＝0.0648公克（1／7000磅）。但本書為了能讓讀者易於瞭解，因此以公克來表示火藥與子彈的重量。

基礎知識篇

手槍篇

步槍篇

衝鋒槍篇

機槍篇

狙擊步槍篇

霰彈槍篇

彈藥篇

在日本也可以用的賽槍篇

鐵砲和銃
有什麼不一樣？

說到「鐵砲」，會想到什麼呢？
種子島、火繩槍、戰國時代、織田信長的三段式射擊……？
本單元將簡單地整理出
鐵砲傳至日本的歷史以及「鐵砲」與「銃」的詞彙的由來。

◆鐵砲傳來日本

「鐵砲」據說是1543年（天文12年）時，因葡萄牙人漂流到種子島而傳來日本的武器。葡萄牙人稱其為「Arcabuz」，因此最初是以標音的方式把它寫作「阿瑠賀放至」，但沒多久之後就創造出了專用日文「鐵砲」來稱呼。語源可能是來自鎌倉時代，蒙古大軍進攻時，元軍使用的「鐵砲」的印象也說不定。但元軍使用的「鐵砲」並不是用來發射子彈的武器，而是把火藥裝在鐵製容器中，點火後投擲，比較像現今的手榴彈。

其實在火繩槍（鐵砲）傳入種子島之前，也有像煙火筒般的原始火器傳入日本，被使用在應仁之亂以及琉球（沖繩）的統一戰爭中。但因為實用性不高所以沒有普及。

◆中文中並不稱之為「銃」

「銃」這個字在中文指的是斧頭上用來裝柄的洞穴部分。中文並不把「鐵砲」寫成「銃」（在中文古文裡雖然偶爾會出現「銃」這個字，但並不是常用的中文字）。在中文裡指稱「鐵砲」的字是「槍」，小銃是「步槍」、拳銃是「手槍」、機銃是「機槍」，銃器則寫成「槍械」。

日本在戰國時代時用來稱呼火繩槍的語彙是「鐵砲」，江戶時代以後才改成以「銃」來稱之。日本的火繩槍在當時被中國、韓國稱為「倭寇鳥銃」，因此可能是日本方面接受了這個用法，才開始稱火繩槍為「銃」。

※鐵砲：曾經用來指稱所有的火器，但在現代的軍事用語中已經不再使用這個詞彙了。
※蒙古進攻：鎌倉時代出現了元寇，在1274年有文永之役、1281年有弘安之役。
※應仁之亂：1467～1477年，揭開戰國時代序幕的內亂。

基礎知識篇

手槍篇

步槍篇

衝鋒槍篇

機槍篇

狙擊步槍篇

霰彈槍篇

彈藥篇

在日本也可以用的實槍篇

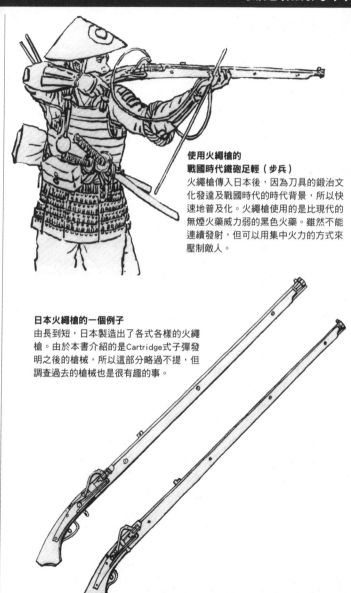

**使用火繩槍的
戰國時代鐵砲足輕（步兵）**
火繩槍傳入日本後，因為刀具的鍛治文化發達及戰國時代的時代背景，所以快速地普及化。火繩槍使用的是比現代的無煙火藥威力弱的黑色火藥。雖然不能連續發射，但可以用集中火力的方式來壓制敵人。

日本火繩槍的一個例子
由長到短，日本製造出了各式各樣的火繩槍。由於本書介紹的是Cartridge式子彈發明之後的槍械，所以這部分略過不提，但調查過去的槍械也是很有趣的事。

基礎知識篇

手槍篇

步槍篇

衝鋒槍篇

機槍篇

狙擊步槍篇

霰彈槍篇

彈藥篇

在日本也可以用的實槍

銃和砲
有什麼不同？

這樣說來，除了「鐵砲」之外還有「大砲」這個詞
那麼「銃」和「大砲」在哪裡不同呢？
是單純的以大小來做區別？
還是發射的彈種不同⋯⋯？

◆體型小的叫「銃」，大的叫「砲」嗎？

　　「銃」的大小可以讓人們可以拿在手上帶著行動，而「砲」則是必需以車輛來拉才能移動的大型武器，請問您有沒有這樣的印象呢？

　　那麼，究竟是多大以上的火器才能叫「砲」呢？其實要明確劃出「銃」與「砲」的區隔是很難的。現在日本的武器製造法中，把口徑20mm以上的稱為「砲」。但在過去，帝國陸軍是只要超過13mm就稱之為砲，不過帝國海軍則得超過40mm才稱為砲。因此，同樣的武器，在陸軍裡是稱為「20mm機砲」，在海軍中則被稱為「20mm機槍」。

　　但在中日甲午戰爭及日俄戰爭時，口徑7.6mm程度，和步槍使用相同彈藥的機槍也被稱為「機砲」。

　　口徑7.62左右，使用和步兵的步槍同樣彈藥的「機槍」裡，有像大砲般裝備車輪護盾的種類。此外像自衛隊使用的卡爾・古斯塔夫84mm迷你無後座力炮，是可以由士兵扛在肩上發射的「砲」，或是口徑高達40mm的「擲彈銃」⋯⋯例外不勝枚舉。

　　而且，如果想以射出的彈藥會不會爆炸來分別「銃」與「砲」也很困難。有些槍彈中裝有炸藥；另一方面，穿甲彈為了提高攻擊裝甲車時的穿透力，所以大多沒有裝入炸藥。

　　原本槍和炮就沒有明確的區別，因為兩者的基本原理是一樣的，所以現在也沒有嚴格區分兩者的必要吧。

※中日甲午戰爭：1894年（明治27年）8月～1895年（明治28年）4月。中國（清朝）和日本的戰爭。
※日俄戰爭：1904年（明治37年）2月～1905年（明治38年）9月。日本和俄國間的戰爭。

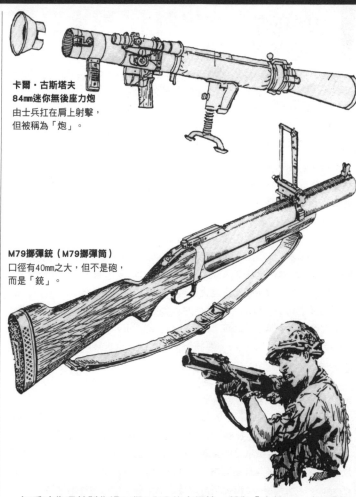

□ 銃和砲的不同

基礎知識篇

手槍篇

步槍篇

衝鋒槍篇

機槍篇

狙擊步槍篇

霰彈槍篇

彈藥篇

在日本也可以用的實槍篇

卡爾·古斯塔夫
84mm迷你無後座力炮
由士兵扛在肩上射擊，
但被稱為「炮」。

M79擲彈銃（M79擲彈筒）
口徑有40mm之大，但不是砲，
而是「銃」。

　　江戶時代還曾製作過口徑8公分的火繩槍，稱為「大銃」。（和這個「大銃」相對的「小銃」，演變到現代，變成步槍的意思）

　　「大銃」並非因為外型像手持的火繩槍，但口徑巨大才被稱為大銃。有些搭載在車輪炮架上的大炮型武器也被稱為大銃。由此看來，「銃」和「砲」並沒有明確的分別。

基礎知識篇

手槍篇

步槍篇

衝鋒槍篇

機槍篇

狙擊步槍篇

霰彈槍篇

彈藥篇

在日本也可以用的實槍篇

「火器」「小火器」「重火器」「輕火器」的不同之處是？

除了「鐵砲」、「銃」、「砲」的稱呼方式之外，
火器（使用火藥的武器）還有各種稱呼方式。
再加上英文用語的話，會更加混亂。
本單元試著把這些單字的意思和定義做簡單的整理。

◆ 「Heavy Arms」的說法是錯的

「火器」是英文「Firearms」的翻譯詞，意思是「以火藥的力量把彈藥發射出去的裝置」（＝火藥槍）。

此外「Gun」的單字也有「使用火藥之物」的意思。「Gun」這個英文單字是一種大炮，和法語中的「Cannon」意思差不多；同時也有「炮管長、射程遠，或是讓高速的炮彈以平直低伸的彈道飛行的武器」的意思。戰前的日本軍以標音的方式，把這個「Cannon」寫成「加農砲」。

步槍、手槍、機槍等的小型火器被稱為「小火器（Small Arms）」。但相對於小火器，像大炮般大小的火器並不被稱為「大火器」，而是「重火器」。英語中並沒「Big Arms」或「Heavy Arms」的說法（大炮的英文是「Artillery」）。要找出與威力強的重火器相近的字眼只有「Heavy Weapons」。

◆ 「Heavy Weapons」的定義是？

但這個重火器或Heavy Weapons的單字，在意思上並沒有很明確的範圍。一般來說，在國際紛爭中，簽定撤兵協定時會以「Heavy Weapons」來指稱戰車或炮兵隊用的大炮和對地導彈等等，但不包括步兵團用的迫擊炮與無後座力炮。後者這些武器通常稱為「輕火器（Light Weapons）」，指的是無後座力炮及迫擊炮等，步兵所持的武器中比小火器大的武器。

※「Gun」原本是指使用火藥的武器，在過去，是不把空氣槍算在裡面的，但現在Air Gun的說法已經約定成俗了。

◎槍械／火器相關的英文的意思與定義

◇Gun：槍炮

以火藥讓子彈／彈藥飛出的武器。

◇Firearms：火器

火藥槍炮。以火藥來擊發子彈／彈藥的裝置。

◇Small Arms：小火器

士兵可以單獨攜帶、操作的手槍、步槍、機槍等小型火器。

◇Light weapons：輕火器

比小火器大型的火器，有重機槍、榴彈發射器、攜帶型導彈、無後座力炮、口徑在100mm以下的迫擊炮等等。

◇Insividual Weapons：個人裝備武器

步兵可以單獨攜帶、操作的小型火器。

◇Crew Served Weapons：班組支援武器

重機槍等比個人裝備的武器威力更強，由複數專門人員來操作的武器。

◇Heavy Weapons：重火器

由炮兵等使用的火炮、對地導彈等。

◇Artillery：火炮

也就是大炮。包含在重火器之中。

※依武器的使用方法，小火器和重火器的區別也不一定很明確。

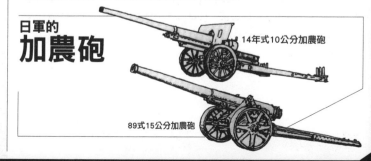

日軍的
加農砲

14年式10公分加農砲

89式15公分加農砲

基礎知識篇

手槍篇

步槍篇

衝鋒槍篇

機槍篇

狙擊步槍篇

霰彈槍篇

彈藥篇

在日本也可以用的實槍篇

近現代槍的彈藥「Cartridge」

19世紀後半之後的槍械，使用的都是Cartridge這種形式的子彈。
把擊發時需要的東西全部收納在一個小容器中的這個發明，
使得槍械產生了爆發式的進化。
成為近代軍隊不可或缺的武器。

◆槍炮用語中的Cartridge

「Cartridge」可以用來指稱攜帶型瓦斯爐的瓦斯罐或印表機的墨水匣。也就是「在小容器中裝入一些東西，把小容器作為裝置的一部分使用，用完後可以簡單更換的一種零件」的意思。

在槍炮用語中，也由彈頭、火藥、點燃火藥用的雷管、彈殼組成，使用起來很方便的子彈稱為Cartridge。現代槍械使用的子彈全都是Cartridge式，日文有時也會稱之為「實包」或「彈藥包」。

在Cartridge式子彈發明前，使用的是火繩槍般，射擊一發後就必需從槍口把火藥與彈頭塞入的前裝槍。

◆中心底火式（Centerfire）和凸邊式（Rimfire）

大部分的Cartridge式子彈在彈殼的底部會有雷管，以大力到讓其凹陷程度的力量去撞擊它的話，引藥就會點火。這種方式稱為「中心底火式」。

但極小型的Cartridge式子彈有時不會有雷管。這種子彈的彈殼底部的凸邊（Rim）裡裝有像雷管一樣撞擊的話就會起火的引藥，因此只要撞擊凸邊就會起火，這種方式稱為「凸邊式」。凸邊式的彈殼底部較薄，會有掉落或不小心撞到的可能，因此除了少部分的22口徑子彈之外，絕大部分的Cartridge式子彈都是中心底火方式。

※Cartridge：談到槍械的話題時，「子彈」可能指的是單元中的Cartridge(彈藥)或是「彈頭」，要注意這點。

基礎知識篇

手槍篇

步槍篇

衝鋒槍篇

機槍篇

狙擊步槍篇

霰彈槍篇

彈藥篇

在日本也可以用的實槍篇

◎Cartridge(子彈)的內部構造（7.62×25mm實彈）

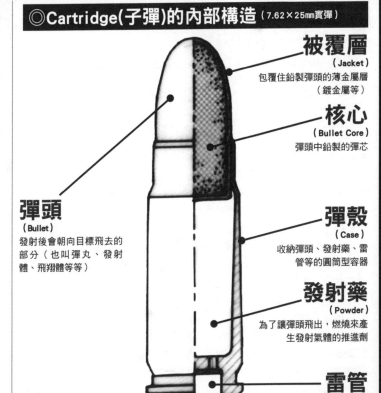

被覆層
（Jacket）
包覆住鉛製彈頭的薄金屬層
（鍍金屬等）

核心
（Bullet Core）
彈頭中鉛製的彈芯

彈頭
（Bullet）
發射後會朝向目標飛去的
部分（也叫彈丸、發射
體、飛翔體等等）

彈殼
（Case）
收納彈頭、發射藥、雷
管等的圓筒型容器

發射藥
（Powder）
為了讓彈頭飛出，燃燒來產
生發射氣體的推進劑

雷管
（Primer）
藉由撞針的撞擊來點燃引藥，
讓發射藥燃燒。

現代槍械用的子彈都是把彈頭、發射藥、雷管等收納在彈殼中的
Cartridg式子彈。

和火繩槍的時代不同，現代的槍如果不是以「裝入彈藥」，而是以
「裝入彈頭」來描述的話反而會很奇怪。

和彈藥相等的英語是「Ammunition」，也會簡稱為「Ammo」，這是比
Cartridg更加全面性的說法。

基礎知識篇

手槍篇

步槍篇

衝鋒槍篇

機槍篇

狙擊步槍篇

霰彈槍篇

彈藥篇

在日本也可以
用的實槍篇

基礎知識篇

手槍篇

步槍篇

衝鋒槍篇

機槍篇

狙擊步槍篇

霰彈槍篇

彈藥篇

在日本也可以用的賣槍篇

步槍(Rifle)和膛線(Rifling)是不一樣的東西嗎？

在現代，「Rifle」代表的是一種槍的名稱，
但原本Rifle是指刻在槍膛內部的凹槽的意思。
彈頭可因為這些凹溝而拉長飛行距離，
也可以大幅提高命中率。

◆從Rifle改名為Rifling的凹槽

原本刻在槍膛內部的溝槽是叫作Rifle，但不知不覺之間Rifle變成了刻有溝槽、槍管長的槍枝的代名詞。因此現在改以「Rifling」來稱呼這些溝槽。Rifling原本的意思則是製作溝槽（膛線）的工程。

膛線是刻在槍膛中的溝槽，所以溝槽（陰膛）和溝槽（陰膛）之間會有凸起（陽膛）。也因此，槍口的剖面圖會是齒輪般的樣子。膛線會緩緩地斜繞著槍管切割，因此從槍口窺視槍管內部的話，膛線看起來會像螺旋狀般地旋轉。

◆膛線是步槍的生命！

一般的槍有4條或6條的膛線，口徑越大的話，膛線就會越多。大炮的膛線有數十條之多。子彈的大小會按照陰膛直徑來製作，在發射時，彈頭會嵌在「陽膛」中，藉此來讓彈頭邊前進邊旋轉。和火繩槍時代使用的圓形彈頭不同，現代的尖頭型彈頭如果不旋轉的話，彈頭的尖端就無法正確地朝著目標飛行。因此不只步槍，手槍、機槍、空氣槍甚至大炮，都會在槍管或炮管中刻上膛線。但霰彈槍並沒有膛線，所以也有相對於霰彈槍，把步槍稱為「膛線槍」的情況。

Rifling在日文中稱為「腔線」或「旋條」。

※溝槽像是螺旋狀般地旋轉：雖然看起來是螺旋，但並不是刻成螺旋狀。
※霰彈槍：參照第207頁。

基礎知識篇

手槍篇

步槍篇

衝鋒槍篇

機槍篇

狙擊步槍篇

霰彈槍篇

彈藥篇

在日本也可以用的實槍篇

◎膛線的種類和條數

　　膛線的條數和製作方法有許多種，現在最普遍的是陰膛和陽膛分明的恩菲爾德（Enfield）型。膛線的條數通常是手槍6條、步槍4條。膛線的刻法有多點拉削法（Broach Rifling）和模頭擠壓法（Button Rifling）等等，現代則大多是以錘鍛法（Cold Hammer Forge）來大量生產。

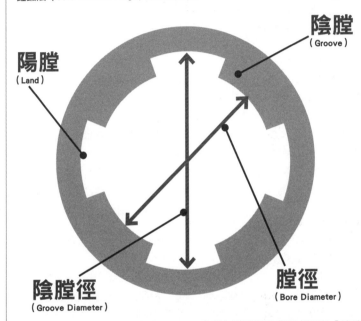

陰膛（Groove）

陽膛（Land）

陰膛徑（Groove Diameter）

膛徑（Bore Diameter）

　　陽膛和陽膛連結的直線是「膛徑」，陰膛和陰膛間的直線則稱為「陰膛徑」。槍的口徑通常是以「膛徑」來表示。由於子彈必需吃下陽膛前進才會旋轉，因此彈頭直徑會比槍的口徑（膛徑）還大，基本上是與陰膛徑一致（實際上若略大於陰膛徑的話會更好）。

　　因此口徑0.30英寸的槍，彈頭的直徑會是0.308英寸；口徑0.25英寸的槍，使用的彈頭直徑是0.257英寸；口徑0.45英寸的槍的話，彈頭直徑是0.458英寸。以mm表示時也相同，口徑7.62mm的槍的彈頭的直徑是7.82mm；口徑6mm的槍的話，彈頭直徑是6.2mm。

　　但也有像8mm毛瑟彈般以陰膛徑來表示槍管口徑的槍。8mm是陰膛徑，膛徑是7.92mm。因此德軍的毛瑟98步槍的口徑，有些書會寫8mm，有些書則會寫7.92mm。

適合狩獵的
中折式槍

對於在電影『駭客任務』中登場的，
槍管和槍托都被切短（Sawed-off）的水平雙管複合霰彈槍
感到印象深刻的人應該不少吧？
那柄霰彈槍就是中折式槍。

◆軍隊不使用，但適合狩獵

中折式指的是在裝填彈藥時，會像右頁圖那樣把槍折下，把彈藥以指頭裝入槍管底部的膛室部分的槍。如果槍管只有1管，那就是單發槍；如果有兩管，就是雙管複合槍。

軍隊並不使用這種槍，但狩獵時經常使用這種槍，而且大多是雙管複合槍。過去也曾有三管複合槍或四管複合槍的中折式槍，但因為笨重不便，如果有連射需要的話，還不如使用自動槍。所以中折式槍也被視作「適用在發射1發或2發子彈就好的情況」的槍。這種槍構造簡單，所以故障也少。只要最低限度的注意力就可以安全地使用，有不容易操作失敗的優點。因此常被作為獵槍使用。

◆中折式獵槍的造價較高!?

如果是雙槍管的話，有垂直排列的「疊排式」和水平排列的「並排式」兩種類型。中折式槍雖然構造簡單，但有很多必需以手工來製造的部分，所以中折式獵槍的價格會比自動槍還要高。

中折式獵槍大多是霰彈槍，但也有步槍，被稱為雙管步槍（Double Rifle）。雙管步槍的價格可以買一台不錯的汽車。

中折式因為構造簡單，所以也會做成如Derringer般，可以隱藏到極近距離再取出，在瞬間決定勝負用的迷你槍。原本也有中折式的轉輪手槍，但因為強度問題，現在已經不再製造了。

※Derringer：參照第100頁。

上下並排的霰彈槍

槍管是垂直排列，因此稱為疊排式（Over and Under）。

第一發通常是由下方的槍管發射（也有可以切換順序的種類）。

和並排式相比，裝填子彈時槍管的折角會比較大。

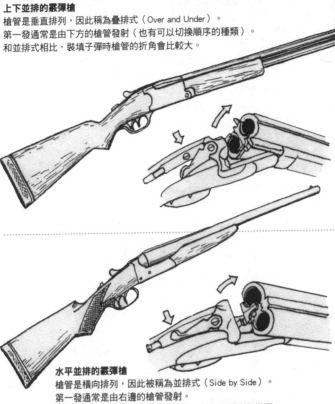

水平並排的霰彈槍

槍管是橫向排列，因此被稱為並排式（Side by Side）。

第一發通常是由右邊的槍管發射。

和疊排式相比，並排式的重量較輕，因此容易拿取搬運。

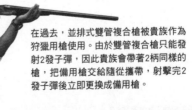

在過去，並排式雙管複合槍被貴族作為狩獵用槍使用。由於雙管複合槍只能發射2發子彈，因此貴族會帶著2柄同樣的槍，把備用槍交給隨從攜帶，射擊完2發子彈後立即更換成備用槍。

基礎知識篇

手槍篇

步槍篇

衝鋒槍篇

機槍篇

狙擊步槍篇

霰彈槍篇

彈藥篇

在日本也可以用的買槍篇

命中精度高的
栓式步槍

對於把一擊必殺當做信條的狙擊手來說，
選擇可靠度高的槍是很自然的事。
因為只要有一點點誤差就可能導致失敗。
也因此，許多狙擊手偏愛使用安定感高的栓式槍，
這是怎樣的槍呢？

◆適合確實地狙擊的步槍使用的方式

　　栓式槍機是手動操作稱為「槍栓」的圓柱狀（但也有例外）零件，來把彈藥送入膛室的一種填彈方式。為了不讓槍栓在子彈發射時後退，所以會與槍管底部做凹凸式的咬合。這種咬合方式比中折式槍或自動槍等來得堅固，因此狩獵大型動物用的麥格農步槍使用的就是栓式槍機。

　　而且這種構造的命中精度高，所以狙擊步槍或奧運的競賽專用槍也都是栓式槍機。最常使用栓式槍機的是狩獵用步槍，但這種構造很少用在霰彈槍或手槍上。

　　直到第二次世界大戰時為止，軍隊的步兵使用的步槍大多是栓式槍機。但栓式槍機在擊出一發子彈後，就得重新操作槍栓來上膛才行。這對於和自動步槍作戰是很不利的，因此現在不管再怎麼弱小的國家，步槍也都改成自動式了。

　　在距離超過100公尺以上的槍戰中，栓式步槍和自動步槍其實沒有決定性的不利點。因為自動步槍在擊出子彈後，後座力會讓槍管震動，所以也是得重新瞄準目標才行。重新瞄準目標需要花上數秒的時間，因此栓式槍機的填彈就算比自動步槍多上1、2秒，也不會有太大的不利。但如果是近距離戰場的話，栓式步槍就會很吃虧了。

※狙擊步槍：參照第185頁。

基礎知識篇

手槍篇

步槍篇

衝鋒槍篇

機槍篇

狙擊步槍篇

霰彈槍篇

彈藥篇

在日本也可以用的賣槍篇

◎栓式步槍的操作方式

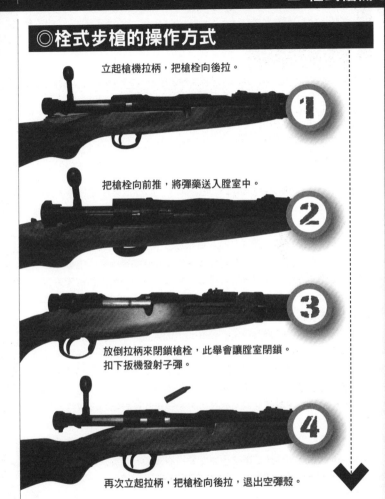

立起槍機拉柄，把槍栓向後拉。

①

把槍栓向前推，將彈藥送入膛室中。

②

放倒拉柄來閉鎖槍栓，此舉會讓膛室閉鎖。
扣下扳機發射子彈。

③

再次立起拉柄，把槍栓向後拉，退出空彈殼。

④

　　因為每擊出一發子彈後就得重新手動操作退殼與填彈的動作，所以栓式槍機的射速很差。但栓式槍機的構造簡單，所以故障也少，而且造價便宜，也不像自動槍那樣，槍身內部的零件會移動或振動，因此很適合做精密射擊。也因此，現代的軍用狙擊步槍大多都是栓式槍機。

基礎知識篇

手槍篇

步槍篇

衝鋒槍篇

機槍篇

狙擊步槍篇

霰彈槍篇

彈藥篇

在日本也可以用的實槍屬

『魔鬼終結者 2』的單手上膛是名場面
槓桿式槍機

電影『魔鬼終結者 2』裡，阿諾史瓦辛格所飾演的T-800
以單手旋轉槍枝裝填彈藥（Spin-cocking）的那把槍，
就是槓桿式槍機。
但其實槓桿式霰彈槍已經是古董品了。

◆在電影中看起來很帥氣，但……

在離扳機不遠處，有手動操作用的槓桿。利用槓桿來讓槍栓前後動作，把子彈送進膛室之中的就是槓桿式槍機。這種槍是西部片中的常客。

槓桿式槍機操作起來雖然比栓式槍機迅速，但幾乎沒有普及於美國之外的地方。很久以前，也曾有部分軍隊短暫地使用過槓桿式槍機，但也沒有普及化。原因是和栓式槍機相比，槓桿式槍機的槍栓和槍管底部的咬合力不強，不能擊發威力較大的彈藥。

此外，槓桿式槍的彈藥是裝在是平行於槍管下方的管式彈匣裡，因此彈藥的彈頭會緊貼著前方彈藥的底部（＝雷管）。因此使用空氣阻力小的尖頭子彈的話會很危險，只能使用不會刺激前方彈藥底火的平頭型子彈。所以不適合用來做長距離射擊。

但如果是用來近距離獵捕山豬或日本本州鹿之類的動物的話，威力是很夠的。槓桿式槍重量輕而且細長，容易攜帶，在岐嶇的山中行走時很方便。

由於子彈威力問題，霰彈槍很少做成槓桿式槍機（雖然在過去並不是沒有例子）。雖然槓桿式槍機不適合使用霰彈般的大型彈藥，但如果是410號霰彈的話還算小型，所以有410號槓桿式霰彈槍這種例外槍，日本獵人中也有這種槍的愛好者。

※410號霰彈：參照第185頁。

基礎知識篇

手槍篇

步槍篇

衝鋒槍篇

機槍篇

狙擊步槍篇

霰彈槍篇

彈藥篇

在日本也可以用的實槍篇

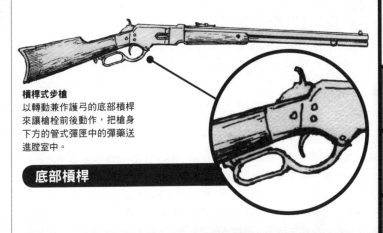

槓桿式步槍
以轉動兼作護弓的底部槓桿來讓槍栓前後動作,把槍身下方的管式彈匣中的彈藥送進膛室中。

底部槓桿

◎槓桿式槍枝的特色

●是步槍採用的方式,在霰彈槍中並不普及。
●構造上來說槍栓和槍管底部的咬合不是很堅固,因此不能使用強力的彈藥。
●彈藥是裝在前後排列式的管式彈匣中,所以不能使用尖頭型子彈,也因此不適合長距離射擊。
●在可以連續射擊的栓式步槍興盛起來後,槓桿式步槍就勢微了。

◎Spin-cocking

握著底部槓桿,旋轉槍身來裝填彈藥的技巧叫作Spin-cocking(Spin-loading)。『魔鬼終結者 2』中阿諾史瓦辛格在機車上秀了這手技術,不過這本來是騎馬時裝填彈藥的技巧。

基礎知識篇

手槍篇

步槍篇

衝鋒槍篇

機槍篇

狙擊步槍篇

霰彈槍篇

彈藥篇

在日本也可以用的實槍篇

適合霰彈槍的
泵動式槍機

警察從警車中拿出霰彈槍，喀嚓地上膛。
在美國的動作片中，泵動式霰彈槍是不可或缺的。
但這種方式
在美國以外的國家並不受歡迎!?

◆沒有泵動式的步槍!?

泵動式槍機是前後滑動槍身下方的前護木部分─右撇子的話是以左手滑動─來讓槍栓動作，以此進行彈藥的裝填與退殼。

這種方式大多用於霰彈槍上，但完全看不到泵動式步槍。泵動式槍機的射擊速度雖然很快，但如果想精密狙擊的話，滑動前護木的方式會變成缺點。因此泵動式槍機雖然適合重視迅速性的霰彈槍使用，但對重視精密射擊的步槍來說，並不是好方法。

美國喜愛泵動式霰彈槍，常在動作片中見到它的存在，但在其他國家，泵動式槍並不普及。日本的獵人中，100人中也沒有1人使用。泵動式槍枝價格便宜但實用性高，而且安全性也高，如果能更加普及的話就好了。

泵動式霰彈槍的外型和自動霰彈槍很相似。但自動槍的話只要扣住扳機就能連續射擊，泵動式則每擊出一發後就必需以手把前護木前後滑動才行。「想把泵動式槍使用得和自動槍的射速一樣快的話，一定要練很久才行吧？」如果您這樣想的話……

其實因為發射時的後座力，所以在射擊時會有前護木自己在滑動的感覺。因此泵動式槍在射擊實彈時會比打空槍更好操作。

※泵動式槍機：也稱為壓動式槍機、滑動式槍機。

基礎知識篇

手槍篇

步槍篇

衝鋒槍篇

機槍篇

霰彈槍篇

彈藥篇

泵動式霰彈槍
把這個部分（前護木）以手滑動，進行填彈與退殼的動作。

美軍從第一次世界大戰起就正式地把霰彈槍使用在戰鬥上。第二次世界大戰、越戰，還有現代戰爭中也持續使用著軍用霰彈槍。

◎泵動式槍枝的特色

●以滑動前護木來裝填彈藥與退殼，因此射速高。
●不適合精密射擊，所以沒有泵動式步槍。
●適合讓不做精密射擊的霰彈槍使用。
●和自動槍比起來比較不會故障。

基礎知識篇

手槍篇

步槍篇

衝鋒槍篇

機槍篇

狙擊步槍篇

霰彈槍篇

彈藥篇

在日本也可以用的實槍篇

自動槍
是什麼樣的槍？

Automatic（自動）槍是可以自動地退出空彈殼，
裝填入下一顆子彈的發射類型的槍。
這並不是以馬達來操作槍栓，
而是利用子彈發射時的能量來退殼與填彈。

◆在現代的戰場上，沒有自動槍就無法作戰

　　自動式（Automatic）是不需以手來操作槍栓（例如栓式槍機或泵動式槍機）的方式，而是利用「發射時的氣體壓力」或「發射時的後座力」來讓槍栓動作。因此，雖說是「自動」式，但第一發子彈還是必需以手來操作槍栓，把彈藥送入膛室中。第二發之後只要扣下扳機就能接連地擊發。

　　在現代的軍隊中，除了狙擊步槍（Sniper Rifle）外，一般步兵使用的步槍都必須是自動槍才行。

　　自動裝填槍有「半自動（Semi-automatic）」和「全自動（Full Automatic）」兩種射擊模式。半自動是扣一次扳機發射一枚子彈的方式，全自動是像機槍般只要一直扣著扳機，就會達達達達地連續發射。

　　現代步兵使用的突擊步槍，大多可以在半自動或全自動射擊模式間自由切換。但因為步槍不夠重，全自動射擊的話，槍身會因後座力而激烈上揚，不在極近距離射擊目標的話反而會難以命中。因此有些步槍會有扣一次扳機就發射2～3發彈藥的點放模式（Burst Mode）。

　　但如果是用在狩獵上，自動槍的射速雖然較為有利，但沒有壓倒性的優勢，也不是大部分的獵人都會使用自動槍。依獵物不同狩獵方法也會不同，有時栓式槍或槓桿式槍、泵動式槍或中折式槍會更好用。

※「半自動」和「全自動」可以簡略成「Semi-auto」和「Full Auto」。
※突擊步槍：參照第107頁。

基礎知識篇

手槍篇

步槍篇

衝鋒槍篇

機槍篇

霰彈槍篇

彈藥篇

◎科爾特Government的自動裝填

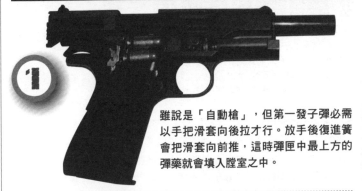

1

雖說是「自動槍」，但第一發子彈必需以手把滑套向後拉才行。放手後復進簧會把滑套向前推，這時彈匣中最上方的彈藥就會填入膛室之中。

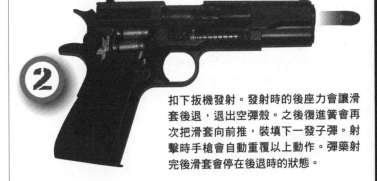

2

扣下扳機發射。發射時的後座力會讓滑套後退，退出空彈殼。之後復進簧會再次把滑套向前推，裝填下一發子彈。射擊時手槍會自動重覆以上動作。彈藥射完後滑套會停在後退時的狀態。

科爾特M1911
被稱為科爾特Government的科爾特M1911或M1911A1，直到第二次世界大戰結束為止共生產了200萬挺以上。但在第二次世界大戰之後則只生產零件，不再生產整隻手槍。圖片中的是在1991年再版的M1991。（關於科爾特Government，會在第72～75頁做解說）

基礎知識篇

手槍篇

步槍篇

衝鋒槍篇

機槍篇

狙擊步槍篇

霰彈槍篇

彈藥篇

在日本也可以用的實槍

利用發射氣體來讓槍栓動作的方式

利用發射時的能量來讓來讓槍栓動作，
完成自動化裝填的就是所謂的自動槍。
其中有一種是利用射擊時產生的發射氣體壓力來讓活塞移動，
藉此讓與活塞連結的槍栓動作的氣動操作方式。

◆步槍及機槍使用的方式

只要看栓式步槍就能明白，槍枝是把彈藥裝填入膛室之後，放倒槍栓來完成閉鎖的武器。沒有閉鎖的話，火藥的爆發力會以如同射出彈頭般的力道把彈殼向後推，在發射者的臉上打出洞來。自動槍與泵動式槍機等方式雖然不是以手直接操作槍栓，但槍身內部會有閉鎖突耳來做咬合，完成閉鎖結構。

自動槍在發射之後，必需自動解除閉鎖，把槍栓推開才行。方法之一是在槍管上鑽一個洞，讓一部分的發射氣體流入洞中，利用氣體壓力把平行於槍管的氣體缸管中的活塞向後推。活塞後退時會把槍栓壓下，如此一來就可以解除閉鎖。這個動作進行的同時，彈頭已經離開槍管，因此槍栓會把空彈殼彈出。之後氣體壓力會立刻下降，復進簧便把槍栓推回原本的位置，這時新的彈藥已經被裝填到膛室裡了。一重覆這些動作就能完成連續射擊。

這種閉鎖結構和活塞、槍栓的運作機制，細分的話會依槍枝不同而有各種變化，非常有趣。美軍的M16步槍則沒有活塞，是讓氣體直接推動槍栓（直噴式氣動操作）的方式。

大部分的步槍和機槍都是以氣動操作來完成自動裝填，但有少部分機槍，以及大部分自動手槍是利用後座力來完成自動裝填的動作。

※在射手的臉上穿洞：事實上為了安全起見，槍枝會被設計成沒有完成閉鎖時，就算扣下扳機也無法發射的模式。
※M16步槍：參照第124頁。

基礎知識篇

手槍篇

步槍篇

衝鋒槍篇

機槍篇

狙擊步槍篇

霰彈槍篇

彈藥篇

在日本也可以用的賣槍篇

◎自動槍的運作機制

●氣動操作：
大部分的自動步槍與機槍都是利用發射時的發射氣體來讓槍栓動作，以完成自動裝填。

●後座作用：
大部分的自動手槍是利用發射時的後座力來讓槍栓動作，以完成自動裝填。

美國的M16系列（包含M4卡賓槍）採用的是沒有活塞的直噴式氣動操作，這也是氣動操作的一種。

自動霰彈槍大多也是使用氣動操作。

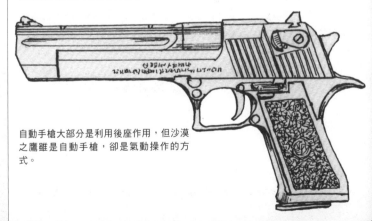

自動手槍大部分是利用後座作用，但沙漠之鷹雖是自動手槍，卻是氣動操作的方式。

基礎知識篇

手槍篇

步槍篇

衝鋒槍篇

機槍篇

狙擊步槍篇

霰彈槍篇

彈藥篇

在日本也可以用的實槍篇

利用發射時的後座力來讓槍栓動作的方式

發射子彈時，
前進的彈頭和發射氣體會產生反動的力量，也就是後座力。
利用這股力量來進行退殼與填彈動作的就是後座作用方式。
後座作用也有許多種類，本單元試著將其整理出來。

◆自動手槍使用的方式

　　自動步槍大多使用氣動操作的運作方式，但自動手槍大多使用後座作用。最單純的後座作用是「氣體反衝式（Blowback）」：不需要閉鎖機構，射出彈頭的火藥所產生的壓力會讓彈殼後退，把槍栓向後壓。這是和步槍相比，火藥的使用量不到1／10的小型手槍彈藥才做得到的事。如果是45口徑的科爾特Government或使用9mm魯格子彈等的軍用手槍子彈的話，沒有閉鎖機構會很危險。

　　後座作用是如何在發射後解除閉鎖的呢？

　　射擊時，槍管和槍栓（手槍則是滑套）是閉鎖的狀態；利用後座力把槍管向後推，後退到一定程度就能解除閉鎖。因此使用這種閉鎖方式的槍枝，槍管可以用手來前後移動。槍管的後退距離短的是「短後座行程」，後退距離長的是「長後座行程」。長後座行程容易故障，因此現代幾乎不再使用。

　　但因為這種閉鎖方式會讓槍管移動，所以重視命中精確度的步槍幾乎不採用這種方式。不過如果是第二次世界大戰前的機槍，則不罕見。另外早期的自動霰彈槍也會利用後座作用（直到20世紀中期為止曾是主流），但和氣動操作式相比，後座力太大，因此漸漸不被使用。後座作用的機制，細分的話也有許多引人入勝的不同之處。

※自動手槍幾乎是後座作用方式：沙漠之鷹雖是自動手槍，不過是氣動操作式。
※短後座行程：魯格P08的槍管延遲型、瓦爾特P38的槍管直接後退式、貝瑞塔PＸ4 Storm的槍管偏轉式……等等有許多種類。

◎各種短後座行程

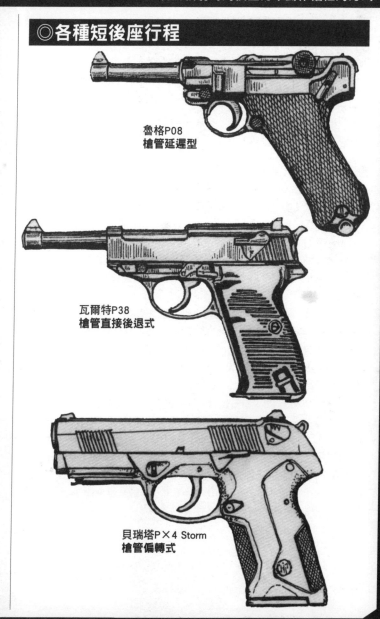

魯格P08
槍管延遲型

瓦爾特P38
槍管直接後退式

貝瑞塔P×4 Storm
槍管偏轉式

手槍篇

步槍篇

衝鋒槍篇

機槍篇

狙擊步槍篇

霰彈槍篇

彈藥篇

在日本也可以用的實槍篇

基礎知識篇

手槍篇

步槍篇

衝鋒槍篇

機槍篇

狙擊步槍篇

霰彈槍篇

彈藥篇

在日本也可以用的實槍篇

槍的**口徑表示**
非常混亂

槍管內部的直徑稱為「口徑」。
一般來說口徑是以陽膛的膛徑來表示，
但吃下陽膛旋轉的彈頭直徑，基本上和陰膛徑是一致的。
因此口徑的表示很複雜。

◆**子彈的口徑是產品名？**

如果說「9mm口徑」的話，大家都會懂它的意思，但如果是「科爾特45口徑」或「史密斯威森 38口徑」的話，也許就會不懂它們在表示什麼了。

這是以百分之幾來表示口徑的方式。也就是說，「45」是0.45英寸，「38」是0.38英寸；此外也有像「357麥格農」這樣3位數的表示法，這是0.357英寸的意思。1英寸等於25.4mm。因此45口徑等於11.4mm，38口徑等於9.6mm。

但如果仔細去側量實際尺寸的話，還是會有落差，例如38口徑其實是0.357英寸，460口徑其實是0.458英寸。而且為何以百分之幾或千之幾來表示，並沒有一定的標準。

這是因為槍和彈藥都是商品，所以比起表示出正確的尺寸，廠商更重視的是產品給人的印象，因此才這麼命名。

一般來說，在歐洲，口徑是以「mm」來表示，美國是以「英寸」來表示（也有少數美國產品以mm來表示，或是歐洲產品以英寸來表示的例子）。

而且口徑有膛徑和陰膛徑兩種，並沒有規定非以哪一種來表示彈藥的口徑不可。雖然說絕大部分的槍都是以膛徑來表示口徑，但也有不少有名的槍枝是以陰膛徑來表示。例如8mm毛瑟子彈的膛徑是7.92mm；308溫徹斯特子彈也是以陰膛徑表示，膛徑是0.3英寸。

基礎知識篇

手槍篇

步槍篇

衝鋒槍篇

機槍篇

狙擊步槍篇

霰彈槍篇

彈藥篇

在日本也可以用的實槍篇

◎槍的口徑混亂的理由是單位不一致!!

在歐洲一般是以

mm

來表示

在美國是以

英寸

來表示

有這兩種單位。
雖然大家會認為,
如果訂定出世界統一的標準的話,
會更有效率,但……

45口徑是45／100英寸口徑的意思。1英寸等於25.4mm,因此以mm表示的話就是11.43mm。50口徑是1英寸的一半,也就是12.7mm。30口徑等於7.62mm。但美國也不一定都是用百分之幾來表示口徑,例如300 Holland麥格農或303 British並不是1英寸的3倍,而是千分之1英寸來表示。

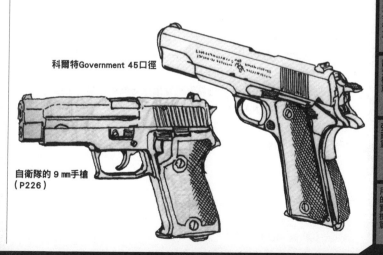

科爾特Government 45口徑

自衛隊的 9 mm手槍
(P226)

基礎
知識
篇

手槍篇

步槍篇

衝鋒槍篇

機槍篇

狙擊步槍篇

霰彈槍篇

彈藥篇

在日本也可以用的實槍篇

就算口徑相同
彈藥也不一定能通用

看電影時，就算會去注意主角的槍，
也很少有人會去注意他們使用的彈藥吧。
但是如果對彈藥的認識不夠，在實戰中可是會喪命的。
知道什麼槍該用什麼子彈是件很重要的事。

◆就算同是7.62mm，也有這麼大的差異！

火繩槍這類前裝槍的彈頭和火藥都是從槍口填入，所以口徑相同的話，使用的彈頭也不會有什麼差異。但現代的子彈都是Cartridge的型式，所以就算口徑相同，也就是說就算彈藥的直徑相同，只要彈殼的形狀和長度不同的話，就沒有互換性。槍不能擊發不合適的彈藥，應該說，其實有很多槍枝是為了擊發某種彈藥而研發出來的。

例如美國的M14步槍和俄國的AK47步槍，兩者都是7.62mm口徑。但因為彈殼的形狀、長度不同，所以M14不能發射AK47的彈藥。托加列夫手槍和中國的77式手槍也都是7.62mm，但彈殼的外形和長度也是不同的。

這種7.62mm，以英寸表示的話是0.30英寸的子彈，外形和長度有多麼不同，只要看右頁就能明白。

其他口徑的彈藥，種類雖然不像7.62mm這麼多，但不同外形、長度的彈種也不少。例如9mm口徑的手槍用彈藥就有9mm魯格子彈、9mm毛瑟子彈、9mm馬卡洛夫子彈、9mm Largo、9mm Steyr等等。

因此在表示槍枝口徑的時候，不會只寫30口徑或7.62mm這樣而已，而是會寫成「30-60」或「30卡賓」、「30-30」、「30 Newton」、「7.62×39」、「7.62×51」等等，不寫出彈藥的規格的話，就不能正確地表示是哪一種彈藥。

※9mm魯格子彈：參照第68頁。

◎同是7.62mm的子彈 也有這麼大的差異

（雖然是同樣的口徑，但有許多形狀、長度不同的彈種）

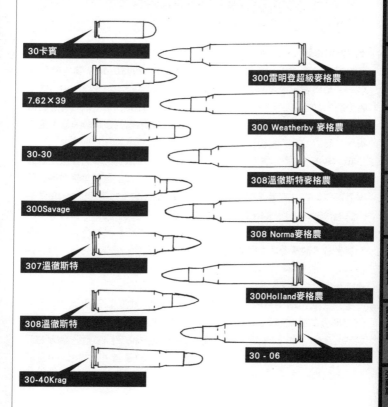

30卡賓

7.62×39

30-30

300Savage

307溫徹斯特

308溫徹斯特

30-40Krag

300雷明登超級麥格農

300 Weatherby 麥格農

308溫徹斯特麥格農

308 Norma麥格農

300Holland麥格農

30 - 06

基礎知識篇

手槍篇

步槍篇

衝鋒槍篇

機槍篇

狙擊步槍篇

霰彈槍篇

彈藥篇

在日本也可以用的實槍篇

基礎知識篇

手槍篇

步槍篇

衝鋒槍篇

機槍篇

狙擊步槍篇

霰彈槍篇

彈藥篇

在日本也可以用的實槍篇

子彈的**稱呼方式**
沒有規則可言？

關於彈藥種類的解說，大家應該都明白了，
不過子彈還有許多複雜的部分。
標記上數字的意思、只有略微差異的稱呼等等，
這區區的「子彈」遠比想像中複雜多了。

◆美國隨心所欲式的表示方式

美軍在第二次世界大戰中，步槍和機槍使用的30-06子彈，前面的「30」是口徑，後面的「06」是採用於1906年的意思。但30-30子彈，前面的「30」是口徑，後面的「30」並不是採用於1930年，而是表示彈藥中的火藥量是30格令的意思。（這種子彈製造的當時用的是黑色火藥）

30 Newton或是30雷明登、30 Pedersen等，在數字的後面會加上研發者或公司的名字。25-3000 Savage這種子彈，「25」自然是指口徑，但後面的「3000」是用來宣傳這種子彈的秒速高達3000英尺。25-06子彈的話，是把30-06子彈的口部縮小成0.25英寸的子彈。

由上述的例子可以看出，美國的子彈命名方式沒有規則可言，而是作為產品名，隨廠商之意取的名字。

◆歐洲的合理的表示法

歐洲也有308 Norma麥格農等，容易和美國的產品搞混的例子。但大部分的歐式標記法都是7.62×39或9×19等2個數字的組合。前面的「7.62」和「9」是口徑，後面的「39」和「19」則是指彈殼的長度（mm）。歐洲也以這種方式來表示美國的子彈，例如30-06是以7.62×63來表示。

※格令：用來表示子彈及火藥重量的單位（1格令等於0.0648公克）。本書為了讓讀者方便理解，所以是以公克來表示重量。

□ 子彈的稱呼

基礎知識篇

手槍篇

步槍篇

衝鋒槍篇

機槍篇

狙擊步槍篇

霰彈槍篇

彈藥篇

在日本也可以用的實槍篇

◎美國隨意命名的例子

●30-06

「30」是30口徑，後面的「06」是因為這款子彈是在1906年被美軍採用為制式的原故。

●45-70-500

「45」是口徑，「70」是發射藥量，「500」是彈頭重量（以格令來表示）（使用黑色火藥的時代）。不說明的話就不知道這些數字的意思。

●38Special

日本的警察也是使用同口徑的手槍，但正確來說是0.357英寸。這是為了讓這種子彈的威力感覺起來比既有的同口徑子彈更強的原故。標記的口徑和實際上的口徑不同，是很常見的事。

●460Weatherby

狩獵大象用的步槍子彈，實際尺寸是0.458英寸。為了讓子彈感覺起來比同樣是獵象用的458溫徹斯特子彈的威力更強，所以用大於實際的數字為產品名。

● 由於基於興趣製作的野貓彈（改造既有子彈為新的子彈）也開始在市面上販售，因此使得彈藥的名稱更加混亂。

把30-06子彈的30口徑縮減（Neck-down）為25口徑的子彈，被稱為25-06（這樣可以成為更輕的高速子彈）；把223雷明登子彈縮減為0.17英寸的子彈稱為17-223。

子彈的名稱
沒有嚴格的基準，非常混亂……

所以美國的子彈名稱，
只要看成純粹的「產品名」就好！！

用**金屬瞄準具**來 狙擊！

在用槍進行狙擊時，會使用瞄準具（Sight）。
最簡單的瞄準具就是金屬瞄準具。
但屬於光學瞄準具（Optical Sight）的瞄準鏡（Scope）、
紅點鏡（Red Dot Sight）和雷射瞄準具等，則不包含在金屬瞄準具中。

◆各式各樣的金屬瞄準具（Iron Sight）

　　在用槍進行狙擊時，會使用槍身上方的凸起—靠近槍口的叫「準星（Front Sight）」，靠近眼睛的叫「照門（Rear Sight）」—來瞄準。因為瞄準具不一定是以鐵製作的，所以也有「Metallic Sight」的說法。

　　準星有環形和柱形；照門有覘孔照門（Peepsight）和開放式照門（Open sight）的種類。柱形準星與開放式照門是使用已久的組合方式，現代大部分的手槍也是採用這種組合。

　　步槍在過去也是使用柱形準星與開放式照門，但現代的軍用步槍則大多採用柱形準星與覘孔照門的組合。這種組合的準度雖然較高，但缺點是在光線昏暗時會比開放式照門更不容易看清目標，而且覘孔照門的圓洞也容易被雪或泥、水滴等塞住。

　　競技專用槍則是環形準星與覘孔照門的組合。人類的眼睛是可以正確地找出圓心的，環形準星與覘孔照門、目標的黑點會形成3重同心圓，因此可以很正確地瞄準。競技專用槍的照門可以做微調，上面有非常細的刻度，稱為「Micro Sight」。環形準星在目標是黑點時很好瞄準，但在實戰中反而不容易鎖定目標，難以正確瞄準中心點。

手槍篇

步槍篇

衝鋒槍篇

機槍篇

狙擊步槍篇

霰彈槍篇

彈藥篇

在日本也可以用的實槍篇

※瞄準鏡：參照第186頁。

□ 金屬瞄準具

基礎知識篇

手槍篇

步槍篇

衝鋒槍篇

機槍篇

狙擊步槍篇

霰彈槍篇

彈藥篇

在日本也可以用的實槍篇

◎金屬瞄準具的狙擊方式

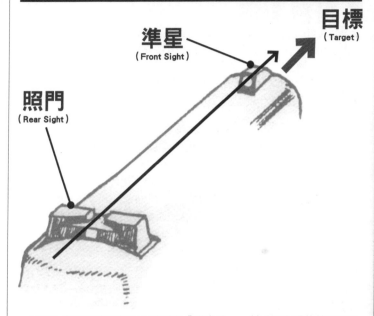

目標
（Target）

準星
（Front Sight）

照門
（Rear Sight）

　　照門和準星間連結起來的線稱為「瞄準線」，射手是在這條線的延長線上捕捉目標。金屬瞄準具雖然沒有精確射擊所需的準確度，但已經可以應付大部分的情況了。

　　手槍的金屬瞄準具也有可調式瞄準具、瞄準標尺、弧形座表尺、游標卡尺等種類。大多數瞄準具是從照門調整，但也有可以左右調整準星的Dovetail Front Sight。

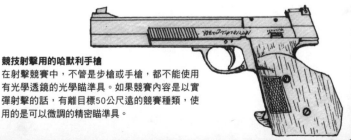

競技射擊用的哈默利手槍
在射擊競賽中，不管是步槍或手槍，都不能使用有光學透鏡的光學瞄準具。如果競賽內容是以實彈射擊的話，有離目標50公尺遠的競賽種類，使用的是可以微調的精密瞄準具。

瞄準和彈道的基礎知識

扣下扳機的話就能射出子彈，但盲目亂打的話是無法擊中目標的。
因為就算瞄準了也不一定會命中。
要讓射擊技術變好，就必需理解瞄準線與彈道間的關係，
並掌握使用的槍的特性才行。

◆彈頭不是筆直飛行

一般來說，槍枝上都會有照門和準星之類的金屬瞄準具，當兩者一致的時候就能瞄準目標。

不會對此產生疑問嗎？準星和照門是在槍管的上方，為什麼可以擊中目標，而不是射擊到目標下方呢？而且不管發射速度有多高，彈頭應該都會被地心引力影響而下墜不是嗎？為什麼能擊中遠方的目標呢？

答案如同右圖，其實準星、照門和槍管並不是平行的，而是有點角度地組合在一起。在製造時是做成瞄準線（準星和照門所連起來的線）的延長線與彈道會在某個距離交叉的形式。

射擊時，彈頭是朝著微微向上的角度發射，在某個距離點與瞄準線交錯。之後彈頭繼續上升，在某個時間點開始落下，並再次和瞄準線交會。先不講光束槍，所有發射子彈的槍，沒抓住這兩個交會點的話，就無法命中目標。

如果想要確實地擊中目標，就必需前往靶場，以各種距離射擊，掌握彈道。這叫做「試射」。

步槍的話，瞄準具可以照著射手認為可能性較高的目標距離來調整，但手槍的話大多無法調整，因此必需掌握該槍的特性，改變狙擊點才行。

※光束槍：除了出現在科幻電影中外，現實中也有射擊比賽用的Beam Rifle。

□ 瞄準和彈道的基礎知識

基礎知識篇

手槍篇

步槍篇

衝鋒槍篇

機槍篇

狙擊步槍篇

霰彈槍篇

彈藥篇

在日本也可以用的實槍篇

◎瞄準線的延長和彈道的交會點只有2個！

下方的圖是以較誇張的方式表現彈道，但實際上彈頭就是這樣飛行的。從槍口射出的彈頭，會和瞄準具（或瞄準鏡）所延伸出去的直線做2次交叉。如果目標在那個交叉點上，就可以擊中。因此必需摸清楚自己手上槍枝的特性，掌握彈道。

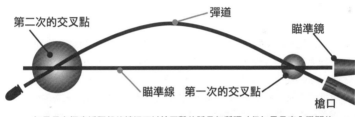

第二次的交叉點

彈道

瞄準鏡

瞄準線　第一次的交叉點

槍口

如果是在極度近距離的情況下以槍互擊的話是無所謂（但如果是室內戰鬥的話，會有被跳彈打到或被子彈貫穿等二次傷害的可能），但如果是以步槍來做遠程射擊的話，沒有理解瞄準和彈道間的關係，就不可能命中目標。

彈道的變化與表尺間的關係

雖然明白了狙擊的方法，也照著程序射擊，但初學者還是無法擊中目標的。
近距離的目標也許沒問題，但如果是遠處的目標則不可能擊中。
為什麼專家們可以擊中數百公尺遠的目標呢？
因為真正的專家還會看風向和氣溫！

◆氣象條件也會影響彈道

軍用步槍或機槍等重視遠程射擊的槍，照門上大多會有可以隨目標距離來調整高度的刻度表。這種裝置稱為「弧形座表尺（Tangent Sight）」。

射擊目標越遠，槍管就必需更加朝著上方，也就是說照門要變高才行。如果目標距離是300公尺，那就把表尺調到300公尺的刻度上；目標是400公尺遠的話，就把表尺調到400公尺的刻度上。

但實際射擊時還是常常打不中目標。這是因為槍枝在製造時會有微小的誤差，而且每個射手的體格和持槍方式也不相同，導致後座力造成槍枝震動的原故。

再來，氣溫也會有影響。溫度低的話發射藥的燃燒會比較不旺盛（雖然只有一點點的差異），造成彈頭的飛行速度較慢。而且溫度低的話空氣密度會變高，空氣的磨擦力也會變強，彈道會無法伸展，著彈點也低。因此狙擊300公尺遠的目標時，必需把表尺調在400公尺的刻度才能命中目標，是常有的事。相反地，如果溫度高，發射藥燃燒旺盛，加上空氣密度也較低，因此即使用同一把槍做同樣的狙擊，著彈點也會比溫度低時來得高。

就算不是狙擊兵，如果普通士兵想在數百公尺遠處確實地擊倒敵人的話，就必需在各種溫度下進行各種距離的試射，掌握彈道的變化才行。

※弧形座表尺：英文為「Tangent Sight」
※溫度也會產生影響：除此之外，風向和風速也是會影響射擊的氣象條件。

基礎知識篇

手槍篇

衝鋒槍篇

機槍篇

狙擊步槍篇

霰彈槍篇

彈藥篇

在日本也可以用的實槍篇

◎弧形座表尺（Tangent Sight）

早期生產的白朗寧Hi-Power就有表尺了。當時的刻度多達1,000公尺遠，但手槍無法射擊到那麼遠的地方，因此沒有意義。

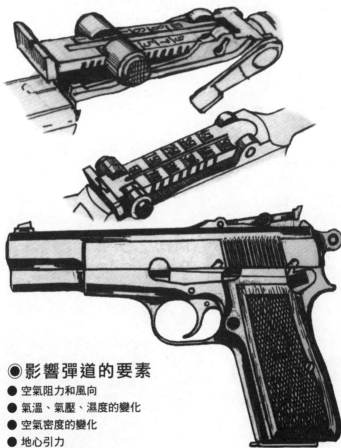

●影響彈道的要素

● 空氣阻力和風向
● 氣溫、氣壓、濕度的變化
● 空氣密度的變化
● 地心引力
● 彈頭旋轉產生的偏差
● 彈頭重量和彈頭的損傷
● 火藥量與燃燒速度

THE GUN BIBLE

CHAPTER.

2

說到槍
大部分的人第一個浮現在腦中的多半是「手槍」
與警察相關的作品中
手槍一定會出場
而且有很多「柯爾特蟒蛇」、「瓦爾特P38」
「史密斯威森 M29」……等有名的槍
另一方面,「自動式」、「轉輪手槍」
「氣體反衝」等的運作方式也豐富又複雜
手槍是最普通的槍種,但同時也是很深奧的世界

手槍篇
HANDGUN

基礎知識篇

手槍篇

步槍篇

衝鋒槍篇

機槍篇

狙擊步槍篇

霰彈槍篇

彈藥篇

在日本也可以用的實槍篇

Handgun和Pistol 有什麼不同嗎？

雖然都是槍，但細分的話種類也是既多又複雜。
尤其應該有很多人分不清楚「Handgun」和「Pistol」的差別吧？
這兩者不單純只是稱呼上的不同而已。
為了能夠更瞭解槍枝，本單元會介紹這些名字的由來。

◆Pistol的語源是？

手槍基本上指的是用單手來射擊的槍。是掛在腰帶上或插在口袋裡帶著走的小型槍械。雖然實際射擊時有時也會雙手持槍，或是加上槍托來使用，但基本上這類槍都是以單手使用為概念來設計的。

手槍的英文是「Pistol」，法語是「Pistolet」，德語是「Pistole」。語源據說是因為最早的手槍是製造於中世紀的義大利皮斯托亞（Pistoia）；或是來自捷克語中指稱哨子、管狀物的「Pišt'ala」這個單字等等……說法很多。

◆轉輪手槍不算Pistol

但在現代的美國，手槍被稱為「Handgun」，Pistol只是Handgun的一種。Pistol的意思變成「一個槍管只有一個膛室的手槍」這種讓人搞不懂在說什麼的定義。

簡單地說，現代美國定義中的自動手槍和單發手槍是Pistol，但轉輪手槍不算在內（不過發明轉輪手槍的科爾特把自己的作品稱為「Pistol」就是了）。雖然不清楚這種分法是在何時、由誰決定的，但總而言之「轉輪手槍不算Pistol」的分法就這樣蓋棺論定。日本把Handgun直譯成「拳銃」。這種稱法應該是沒有把轉輪手槍與自動手槍做分別的整體性說法吧？

※科爾特：塞謬爾・科爾特，美國的槍械發明家。在1847年創立了科爾特公司。

基礎知識篇

手槍篇

步槍篇

衝鋒槍篇

機槍篇

狙擊步槍篇

霰彈槍篇

彈藥篇

在日本也可以用的實槍篇

◇在過去，「Pistol」是指所有的手槍

Pistol
‖
手槍的總稱

自動手槍

轉輪手槍

◇在現代，Pistol被Handgun取代

Handgun
‖
手槍的總稱

自動手槍
‖
Pistol
（包含單發槍）

轉輪手槍（轉輪手槍「不算在Pistol之中」）

◇現代美國對Pistol的定義

「Pistol是一個槍管只有一個膛室的手槍」
「有彈筒的轉輪手槍，是一個槍管配上複數的膛室」

……所以
轉輪手槍
不是Pistol！

基礎知識篇

手槍篇

步槍篇

衝鋒槍篇

機槍篇

狙擊步槍篇

霰彈槍篇

彈藥篇

在日本也可以用的實槍篇

轉輪手槍的**單動模式**與**雙動模式**的不同

看過西部片的人，一定會對以單動模式迅速地射擊的場面感到熟悉吧。
片中登場的槍外形雖然都很像，
但其實可以用構造來分成單動模式與雙動模式。
兩者的不同之處究竟在哪裡呢？

◆「Fanning」是單動式手槍的特有快速射擊法

　　早期的轉輪手槍，在發射每發子彈前，都必需以指頭把擊錘扳到待發位置上，這就是所謂的「單動式」手槍。手掌大的人可以握住槍，以右手的姆指來扳動擊錘，順手地操作；但對手掌小的人來說，以左手的指頭（如果是左手握槍的話就用右手指）來扳動擊錘是比較快的做法。在西部片中，常看得到以右手持槍，左手像是在打擊錘般地連續扳動擊錘的射擊方式（Fanning）。

　　下了點工夫在槍的結構上，改良成不需以手指扳動擊錘，只要扣下扳機，與扳機相連的發射機件就會把擊錘拉至待發位置，這種運作方式則稱為「雙動式」。

　　這種雙動模式只要扣下扳機就可以連續射擊，比單動式方便很多。但因為連接擊錘的彈簧，是以板機來牽動，因以扣下板機時需要的力量較大，扣下的距離也較長。如此一來握住槍的手會抖動，命中率也會因此下降。

　　因此雙動模式的槍，在進行精確的射擊時，還是會以指頭來扳動擊錘，改以單動模式射擊。也就是說，雙動模式的槍也是能以單動模式射擊的。

　　其中也有少數使用「純雙動扳機（Double Action Only）」，只能以雙動模式射擊的轉輪手槍。這種槍是作為近距離的護身槍來使用，重視的是迅速拔槍射擊這點。

基礎知識篇

手槍篇

步槍篇

衝鋒槍篇

機槍篇

狙擊步槍篇

霰彈槍篇

彈藥篇

在日本也可以用的實槍篇

◇單動模式（SA）

擊錘降下時，就算扣下扳機，擊錘也不會動彈。射擊時必需先以指頭扳動擊錘，再扣下扳機。SA每射擊一發子彈就必需扳動扳機一次。而彈筒也會迴轉一發的分量。

◇雙動模式（DA）

扣下扳機時擊錘會跟著動作，彈筒也會跟著轉動。扣下扳機後擊鎚會降下，並發射子彈。DA模式只要扣下扳機就能完成2個動作，是現在手槍界的主流。

◎轉輪式步槍不存在的原因

　　把步槍做轉輪式槍來快速連發，難道不行嗎？在單發槍的時代的確曾做過這樣的步槍，但在現代，已經沒有轉輪式步槍了。

　　轉輪式槍的槍管和彈筒之間有空隙。空隙太小的話彈筒會難以轉動，因此需要一定程度的空隙才行。而火藥的燃燒氣體從這些空隙中噴出，也是無可耐何的事。小型的手槍是沒有關係，但如果使用的是步槍子彈這種強力彈藥的話，從空隙中噴出的發射氣體可能會讓射手受傷。

　　因此能夠實際使用的轉輪式步槍，長度也只能是手槍程度而已。之後栓式槍機和槓桿式槍機普及，轉輪式步槍就消失於歷史中了。

基礎知識篇

手槍篇

步槍篇

衝鋒槍篇

機槍篇

狙擊步槍篇

霰彈槍篇

彈藥篇

在日本也可以用的實槍

在轉輪手槍的彈筒裡
裝填實彈

轉輪手槍的特色就是蓮藕狀的彈筒。
為了能夠有效率地把彈藥裝填進去，人們想出了各種方法。
現代的雙動式轉輪手槍幾乎是採用
外擺式槍身。

◆進化的轉輪手槍裝填方式!?西部男兒的生存智慧

把彈藥裝入轉輪手槍的彈筒中的方法有幾種。柯爾特Peacemaker是以稱為Loading Gate的方式來打開保護蓋，邊迴轉彈筒邊把彈藥一發一發裝入的方式。

由於這種方式很繁瑣，因此出現了「折開式（Takedown）」的轉輪手槍。日俄戰爭時日軍使用的26年式手槍或英軍使用至第二次世界大戰為止的Webley & Scott等都是採用這個方式。

現代轉輪手槍的主流是「外擺式（Swing－out）」──把彈筒從側邊擺出的方式。擺出時，必需操作名為彈筒栓的按鈕。史密斯威森公司的手槍是把按鈕前推，柯爾特公司的則是把按鈕後拉（以人體工學的角度來說，有些人認為向前推的方式比較好操作）。

自從出現了這種外擺式之後，裝填子彈變得輕鬆許多。但以指頭把彈藥一枚一枚地裝入，還是很花時間。因此也出現了可以快速裝填的道具：如果是6發容量的彈筒，會使用兩個名為「半月夾（Half－moon Clip）」的3發裝子彈夾來填彈（不過也可能因槍種而無法使用，或是使用「滿月夾（Full－moon Clip）」來裝填）。

也有名為「Speed Loader」，可以一次填入6發子彈的道具，用習慣的話就可以迅速地退殼與填彈。

※Loading Gate：退殼和裝填都非常花時間，因此西部開拓時代的槍手會一次帶好幾把槍在身上。

※Speed Loader：也稱為Quick Loader。和自動手槍的彈匣相比，較為龐大笨重。

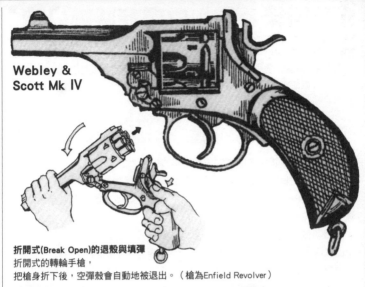

Webley & Scott Mk IV

折開式(Break Open)的退殼與填彈

折開式的轉輪手槍，
把槍身折下後，空彈殼會自動地被退出。（槍為Enfield Revolver）

外擺式

圖中的槍是科爾特出品，因此是把彈筒栓向後拉，隨後彈筒就會從側邊擺出。把彈筒前方凸出的退殼桿壓下後，空彈殼就會朝射手方向退出。射擊後的空彈殼會在膛室中膨脹，因此需要施一點力才能把彈殼退出。因為有這種外擺式，退殼變得很迅速。

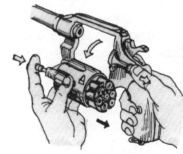

Speed Loader
有這種裝填工具的話，裝填轉輪手槍的速度可以變快很多。

基礎知識篇

手槍篇

步槍篇

衝鋒槍篇

機槍篇

狙擊步槍篇

霰彈槍篇

彈藥篇

在日本也可以用的實槍篇

科爾特公司和史密斯威森公司的轉輪手槍的不同之處

科爾特和史密斯威森都是美國的武器生產商。
兩者間有競爭意識也是當然的事。
不但兩公司出品的轉輪手槍旋轉方向不同，
零件的名稱也不一樣，相當地麻煩。

◆軍用槍的科爾特，市販槍的史密斯威森

科爾特公司創立於1847年，是由塞謬爾·科爾特所設立的武器公司。自從其產品Peacemaker被採用為制式之後，便開始為美軍製造手槍或突擊步槍、機槍等軍用槍。

史密斯威森公司創立於1854年，是由賀拉斯·史密斯與丹尼爾·威森所設立的武器公司。除了警用槍外，也製造了許多民間用的手槍。

兩方都是大武器製造商，有著對手關係。科爾特和史密斯威森也在轉輪手槍的細節部分互相競爭。科爾特的彈筒是右旋，史密斯威森則是左旋。在把彈筒擺出時，科爾特是把「Cylinder Latch」向後拉，史密斯威森則是把「Thumbpiece」向前推。此外彈筒和槍體連結的部分，科爾特稱其為「Crane」，史密斯威森則是稱為「Yoke」。

以上名詞的相異無關性能，不過收納退殼桿的凸桿部分，史密斯威森的轉輪手槍上有上鎖的功能。這是因為發射彈藥時彈筒是左旋，為了不讓彈筒因衝擊而向左擺出所做的固定措施。

史密斯威森公司的轉輪手槍是精緻、高品質的工業產品。科爾特的轉輪手槍「蟒蛇」則是槍管的精確度很高。槍匠（Gunsmith）取兩公司所長，把科爾特蟒蛇的槍管和史密斯威森 M19的槍體結合成名為「Smythson」的槍。

※競爭意識：150年前，兩間公司還經常互相提告。
※退殼桿：射擊後用來把彈殼壓出的短棒。

□ 科爾特公司和史密斯威森公司的轉輪手槍的不同

基礎知識篇

手槍篇

步槍篇

衝鋒槍篇

機槍篇

狙擊步槍篇

霰彈槍篇

彈藥篇

在日本也可以用的實槍篇

◎史密斯威森公司的轉輪手槍和科爾特公司的有什麼不同？

把「Thumbpiece」
向前推來擺出彈筒
（科爾特則是把「Cylinder Latch」
向後拉來擺出彈筒）

「Yoke」
（科爾特是稱為「Crane」）

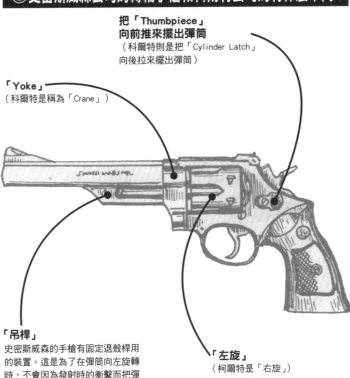

「吊桿」
史密斯威森的手槍有固定退殼桿用
的裝置。這是為了在彈筒向左旋轉
時，不會因為發射時的衝擊而把彈
筒擺出。

「左旋」
（柯爾特是「右旋」）

不能各取史密斯威森和科爾特的「長處」嗎？
有結合科爾特蟒蛇的槍管和史密斯威森 M19的槍體
而成的「Smythson」

基礎知識篇

手槍篇

步槍篇

衝鋒槍篇

機槍篇

狙擊步槍篇

霰彈槍篇

彈藥篇

在日本也可以用的寶槍篇

因『緊集追捕令』而為人所知的
史密斯威森M29

麥格農的意思是「強力的槍」或「強力的彈藥」的意思，
以最強手槍而知名的，應該就是史密斯威森 M29吧。
雖然現在已經有更強力的手槍登場了，
但M29的光榮過去還是無可動搖的。

◆過去的最強手槍

美國的史密斯威森（Smith & Wesson），是世界上生產最多轉輪手槍的公司。其種類之多，就算是對槍械很熟悉的人，沒看著產品名單的話也很難想起全部的產品。

其中最具代表性的槍是什麼呢？雖然每個人心中都有他們認為的代表作，但最有名的應該還是44麥格農子彈的M29吧。

大約30年前，有一系列名為『緊急追捕令』的電影。其中克林伊斯威特所飾演的警探卡拉漢說：史密斯威森 M29是「世界最強力的手槍」並以這把槍大顯身手。電影中以一發子彈就讓逃走中的黑道車子停下雖是誇張的演出，但事實上44麥格農子彈真的能讓引擎缸龜裂漏水，也能打碎磚頭或水泥磚。

因為『緊急追捕令』相當賣座，所以M29的銷售量也水漲船高。雖然現在出現了好幾種更強力的手槍，M29已經不再是世界第一，但那些超強力的手槍，都需要受過特別訓練才有辦法使用。一般人能用的最強力轉輪手槍，應該還是這把44麥格農手槍。

但如果像電影主角那樣，把M29整天放在衣服底下的槍套中行動的話，腰和肩膀大概會相當痛吧。

※『緊急追捕令』：1970～80年代間的美國動作片。是克林伊斯威特的成名作，總共有5部續集電影。

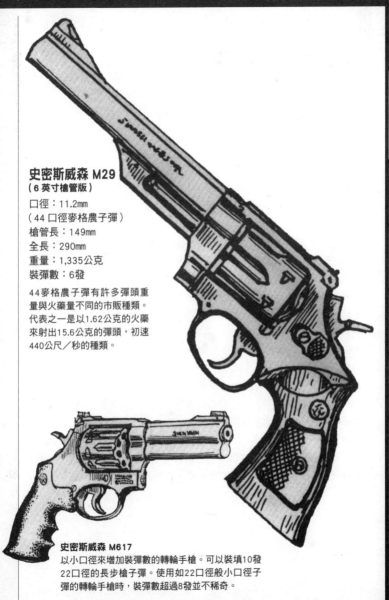

史密斯威森 M29
（6 英寸槍管版）

口徑：11.2mm
（44 口徑麥格農子彈）
槍管長：149mm
全長：290mm
重量：1,335公克
裝彈數：6發

44麥格農子彈有許多彈頭重量與火藥量不同的市販種類。代表之一是以1.62公克的火藥來射出15.6公克的彈頭，初速440公尺／秒的種類。

史密斯威森 M617
以小口徑來增加裝彈數的轉輪手槍。可以裝填10發22口徑的長步槍子彈。使用如22口徑般小口徑子彈的轉輪手槍時，裝彈數超過8發並不稀奇。

基礎知識篇

手槍篇

步槍篇

衝鋒槍篇

機槍篇

狙擊步槍篇

霰彈槍篇

彈藥篇

在日本也可以用的實槍篇

西部片的名演員
科爾特Peacemaker

因為45口徑的科爾特Government很有名，
所以說到科爾特，很多人都會有自動手槍的印象。
但其實科爾特是第一間製造轉輪手槍的生產商。
尤其Peacemaker是其中的暢銷作。

◆「Buntline Special」也是Peacemaker

　　科爾特是美國的代表性武器商之一，也是最早製造出轉輪手槍的公司。在種類的豐富度上雖被史密斯威森公司後來居上，但也生產過許多轉輪手槍。

　　其代表作為何？答案因人而異，但Peacemaker應該算得上代表作吧？雖然是1873年（明治6年）製造的古老產品，但若說到在西部片中登場的手槍，那就是它了。演出過西部片的名演員沒有人沒碰過這把手槍。除了西部片之外，夏洛克・福爾摩斯的電影中，也有福爾摩斯拿著Peacemaker的場面。現實人物中，美國陸軍的巴頓將軍也是Peacemaker的愛好者。

　　Peacemaker有好幾種不同槍管長度的產品，最有名的應該是Wyatt Earp所拿的，槍管特別長的「Buntline Special」吧。

　　Peacemaker也有好幾種口徑，標準型是45口徑，但也有許多44口徑的產品。特地生產兩種差距極小的口徑是因為，當時販賣的溫徹斯特M73的口徑是44，如此一來彈藥間就能有互換性。

　　連只有少量生產的版本也算進去的話，Peacemaker總共有30種之多的口徑。雖然以現代的眼光來看，這些槍裝填子彈很麻煩，而且威力與槍枝大小不成正比，既笨重又是單動模式，實用性很低……

※巴頓將軍：喬治・巴頓，活躍於第一次～第二次世界大戰中的美國軍人。
※Wyatt Earp：西部拓荒時代的美國警長。因為「OK牧場決鬥」一事而聞名。

基礎知識篇

手槍篇

步槍篇

衝鋒槍篇

機槍篇

狙擊步槍篇

霰彈槍篇

彈藥篇

在日本也可以用的賣槍篇

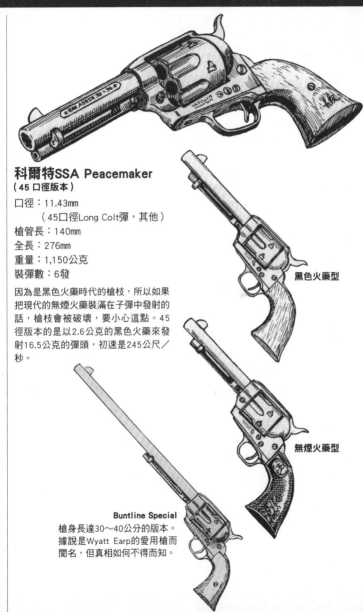

科爾特SSA Peacemaker
（45 口徑版本）

口徑：11.43mm

（45口徑Long Colt彈，其他）

槍管長：140mm

全長：276mm

重量：1,150公克

裝彈數：6發

因為是黑色火藥時代的槍枝，所以如果把現代的無煙火藥裝滿在子彈中發射的話，槍枝會被破壞，要小心這點。45徑版本的是以2.6公克的黑色火藥來發射16.5公克的彈頭，初速是245公尺／秒。

黑色火藥型

無煙火藥型

Buntline Special

槍身長達30～40公分的版本。據說是Wyatt Earp的愛用槍而聞名，但真相如何不得而知。

基礎知識篇

手槍篇

步槍篇

衝鋒槍篇

機槍篇

狙擊步槍篇

霰彈槍篇

彈藥篇

在日本也可以用的實槍

自動手槍是哪裡「自動」了呢？

手槍可以分為轉輪手槍和自動手槍兩種。
不過轉輪手槍也有雙動模式，
只要扣下扳機就能連續發子彈。
那麼兩者的決定性差別究竟在哪裡呢？

◆轉輪手槍和自動手槍的差別

槍管底部，可以填入子彈的部位叫做「膛室」。轉輪手槍雖只有一個槍管，但有6～8個填彈部位，也就是說有許多膛室。裝彈時邊迴轉彈筒，邊以指頭把子彈裝入其中。擊發時彈筒的迴轉會和扳機連動。

自動手槍的話，槍身和膛室是一體成型的。在構造上，把彈藥填入膛室中時，不是以指頭，靠的是稱為槍栓的零件（手槍的話會把它稱為滑套）。

◆有滑套（＝槍栓）的才是自動手槍

自動手槍在發射時，第一發子彈必需以手動的方式從彈匣送入膛室之中：滑套原本被復進簧推到底，必需先把滑套向後拉，這動作需要一定的力氣。放手後復進簧會再次把滑套向前推，這時子彈便會從彈匣中裝填入膛，而且擊錘也會豎起。

之後便可以扣下扳機，此時擊錘會倒下，撞針擊向子彈底部的雷管，發射子彈。發射的後座力會讓滑套迅速地後退，彈出彈殼，讓擊錘豎起。後退的滑套因復進簧的力量回到原本的位置時，下一發子彈已被送入膛室之中。重覆著以上的動作，就可以連續發射彈藥直到彈匣空了為止。

因為滑套會讓擊錘自動豎起，所以和轉輪式手槍的雙動式不同，不需要以大力扣下扳機也能發射子彈，也因此自動式手槍的命中率較高。

※把下一發子彈填入膛室：也就是說彈匣的最上方必需保持一直有子彈的情況才行，因此彈匣內會設置能把子彈向上推的托彈簧。

基礎知識篇

手槍篇

步槍篇

衝鋒槍篇

機槍篇

狙擊步槍篇

霰彈槍篇

彈藥篇

在日本也可以用的實槍篇

◎現代轉輪手槍的各部位名稱（圖為史密斯威森 M29）

一般轉輪手槍會有為了減少彈筒的重量而刻的溝槽，但如果是使用強力彈藥的轉輪手槍，有時會為了增加剛度而不加上溝槽（Non－fluted）。

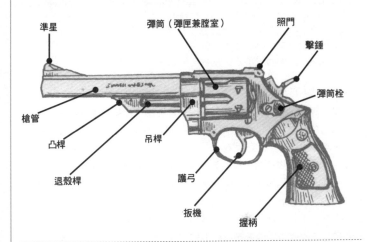

準星
彈筒（彈匣兼膛室）
照門
擊錘
彈筒栓
槍管
凸桿
吊桿
退殼桿
護弓
扳機
握柄

◎自動手槍的各部位名稱（圖為科爾特 .38 Super）

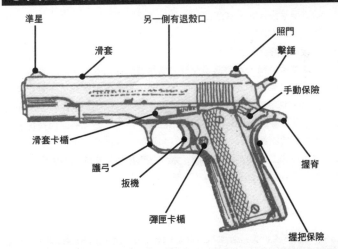

準星
另一側有退殼口
照門
滑套
擊錘
手動保險
滑套卡榫
護弓
扳機
彈匣卡榫
握脊
握把保險

基礎知識篇

手槍篇

步槍篇

衝鋒槍篇

機槍篇

狙擊步槍篇

霰彈槍篇

彈藥篇

在日本也可以用的實槍篇

轉輪手槍與自動手槍的
優點和缺點

在槍戰中，可以發射的子彈是越多越好。
這樣說的話，比起只能發射6發左右的轉輪手槍，
自動手槍應該是更好的選擇。
但事實上不是所有的手槍都採用自動式。

◆可靠的轉輪手槍

轉輪手槍的優點就是它的可靠度，只要扣下扳機就可以射出子彈。自動手槍的話會有「咦？雖然我已經把子彈裝入彈匣中了，可是到底有沒有填進膛室中啊？」的疑慮在。

如果是轉輪手槍的話，就算彈藥卡住了，只要再扣一次扳機，讓彈筒旋轉一次，就可以發射下一子彈。自動手槍的彈藥卡住的話，就必需把滑套拉開，拿出子彈，重新讓滑套前進，讓下一發子彈填入膛室才行。而且自動式的話，還有退殼失敗，以致於下一發子彈無法正常填彈的問題。不管是多麼優秀的自動手槍，都會有卡彈（Jam）的危險。

如果和敵人間的距離只有數公尺遠、或是把槍抵著人發射這類需要瞬間拔槍射擊的情況；或者是只需要發射幾發子彈就可以收拾事態的情況，轉輪手槍是比較好的選擇。

◆子彈數量多的自動手槍

如果要拿著手槍一直發射，那麼自動手槍會比較有利。比起轉輪手槍的雙動模式，自動手槍不需要花很大力氣就能準確地射擊。而且和差不多重量的轉輪手槍比起來，自動手槍可以發射的子彈數也比較多。子彈發射完後要重新裝填時，如果有備用彈匣的話，自動手槍的速度更是能比轉輪手槍快上許多。

如果是在路上被暴徒突然襲擊，那麼使用轉輪手槍會比較適合；但如果是在戰場互相射擊的槍戰中，自動手槍就會是首選。

※卡彈：通稱「Jam」。有退殼失敗的退殼不良、裝填子彈失敗的上膛不良和膛室無法完全閉鎖的閉鎖不良等等種類。

基礎知識篇

手槍篇

步槍篇

衝鋒槍篇

機槍篇

狙擊步槍篇

霰彈槍篇

彈藥篇

在日本也可以用的實槍篇

◇轉輪手槍的特色

- ·構造單純，故障或動作不良的機率少，可靠度高。
- ·可以裝填增加了火藥量的強裝彈或減少了火藥量的減裝彈。
- ·蓮藕般的膛室可以兼作彈匣（＝有複數膛室）。
- ·構造上通常只能裝填5～8發的子彈。
- ·就算發射失敗，只要扣下扳機就可以發射下一發子彈。
- ·以手動方式退出空彈殼。
- ·即使是自動手槍用的無緣式彈殼子彈，只要裝上助退器就能發射。
- ·沒有自動手槍用的手動保險（但也有例外）。
- ·裝消音器沒什麼意義。
- ·握柄的形狀較自由。
- ·和自動手槍比起來較便宜。

◇自動手槍的特色

- ·以發射時的後座力來讓槍栓動作，退出彈殼填入新的子彈。
- ·空彈殼會自動退出。
- ·和轉輪手槍不同，只有一個膛室。
- ·可以裝填較多的彈藥（有些自動槍的槍裝彈數可達轉輪手槍的3倍）。
- ·有備用彈匣的話，可以迅速地填彈。
- ·因為是以發射時的氣體或後座力來動作，所以不能使用強裝彈或減裝彈。
- ·構造較複雜，容易發生退殼不良或上膛不良等問題。
- ·子彈發射失敗的話，必需把子彈取出才能再次發射。
- ·大多設有手動保險。
- ·消音器可以發揮功能。
- ·不能使用轉輪手槍的凸緣式子彈。
- ·握柄中有彈匣，因此握柄形狀的自由度不高。

※手槍的自動模式是：扣一次扳機發射一發子彈。因此正確來說應該叫做「半自動手槍」才對。可以一直扣著扳機不放來連續發射的「全自動（Full Automatic）」模式手槍稱為全自動手槍（Machine Pistol）。

基礎知識篇

手槍篇

步槍篇

衝鋒槍篇

機槍篇

狙擊步槍篇

霰彈槍篇

彈藥篇

在日本也可以用的實槍篇

世界最早的自動手槍
毛瑟Military

也被稱為毛瑟Military的毛瑟C96，誕生於19世紀。
雖然身為魯格手槍原型的Borchardt手槍已經問世，
但因為實用性低，
因此C96才真的算得上最早的自動手槍。

◆邱吉爾也愛用的自動手槍

這款手槍登場於1896年，也就是日本的明治29年，中日甲午戰爭結束的隔年。雖說當時就有這樣的手槍是很了不起的事，但以現代的眼光來說還是很老舊的槍，而且彈匣也不是拆卸式，是先在名為填彈條的道具上裝上10發子彈，從彈匣上方壓入彈匣中來使用。和現代的拆卸式彈匣相比，這種方式在彈匣空了之後得重新裝填，較不方便。（不過之後也製作了拆卸式的彈匣）

英國首相邱吉爾在年輕時曾是騎兵團團員，因為右肩受傷無法拿起軍刀，所以自費買了這把德國製手槍前往戰場。有一天，他的部隊被壓倒性多數的敵人攻擊，大部分的同伴都陣亡了，邱吉爾也差一點就戰死，是靠著這把毛瑟槍才脫離險境。這是有名的軼事。

這把槍的口徑是7.62mm，以0.5公克的火藥來發射5.64公克的彈頭。初速是440公尺／秒。和其他的手槍相比，相對於彈頭重量，火藥用得較多，因此彈頭的速度快，穿透力也較優秀。

這把槍並沒有使用彈簧，而是以內部零件的凹凸組成。雖然是會讓機械愛好者興奮歡呼的構造，但生產起來太費工夫，所以在第二次世界大戰中就停產了。

※毛瑟Military：雖然名字中有「Military」，但並沒有被德軍採用為制式。
※邱吉爾：英國的政治家，在第二次世界大戰時擔任英國首相。

基礎知識篇

手槍篇

步槍篇

衝鋒槍篇

機槍篇

狙擊步槍篇

霰彈槍篇

彈藥篇

在日本也可以用的賣槍篇

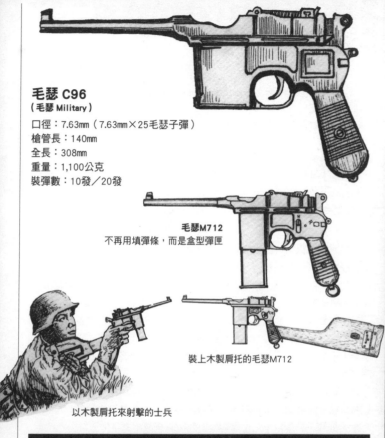

毛瑟 C96
（毛瑟 Military）

口徑：7.63mm（7.63mm×25毛瑟子彈）
槍管長：140mm
全長：308mm
重量：1,100公克
裝彈數：10發／20發

毛瑟M712
不再用填彈條，而是盒型彈匣

裝上木製肩托的毛瑟M712

以木製肩托來射擊的士兵

◎射擊報告

　　毛瑟Military的外觀看起來命中率相當地高的樣子。實際上它可以裝上肩托，像步槍一樣靠在肩上射擊。有肩托時可以命中100公尺外的敵兵，準確度很高。

　　但如果作為單手射擊的手槍，命中率則比不上使用相同彈藥的托加列夫。雖然後座力不如托加列夫強，射擊起來比較容易，但因為握柄形狀和大小的問題，就算想緊握，還是很容易晃動。

基礎知識篇

手槍篇

步槍篇

衝鋒槍篇

機槍篇

狙擊步槍篇

霰彈槍篇

彈藥篇

在日本也可以
用的實槍篇

日本的**南部14年式手槍**
沒有擊錘

日本人所製作的手槍中，最有名的應該是南部手槍。
南部麒次郎所研發的南部式自動手槍有甲型和乙型，
不過最有名的是14年式。
這把手槍被日本陸軍採用為制式。

◆日本製自動手槍的實力

日本軍過去使用的南部14年式手槍是沒有擊錘的槍，構造上是在撞針上加上強力彈簧的主動撞針式。這種方式的構造比設有擊錘的手槍來得簡單，命中精度也不錯。世界上也有不少主動撞針式手槍。

但這種方式在安全上有很大的問題。第一發子彈必需用手把槍栓向後拉，放手後復進簧會讓槍栓前進，把第一發子彈填入膛室中。到這邊為止的程序和其他自動手槍是相同的。但如果有擊錘的槍，在這之後會以手指牢牢地抓住擊錘、扣下扳機、再慢慢把擊錘放倒，這樣一來就可以安全地攜帶著手槍行動。

但沒有擊錘的主動撞針式則沒辦法這麼做。子彈裝填在膛室中，也就等於處在被壓縮的彈簧隨時都可能把撞針彈出的狀態之下。雖然有保險裝置，但如果槍不小心碰到東西或掉到地上，產生震動的話，就有撞針擊發雷管的危險。

如果擔心這種情況發生，就不能攜帶著已經上膛的槍行動，而是在遇到敵人時才拉動槍栓。這樣說來，也許日本軍並不是認真地想以手槍來和敵人戰鬥，而是把手槍當作自殺用的道具也說不定？

本槍的口徑是8mm，以0.32公克的火藥來射出6.61公克的彈頭。初速是340公尺／秒。扳機的動作很流暢，命中精度也高，但作為軍用手槍來說威力是最低限度的。

※南部麒次郎：佐賀縣出身的槍械發明家。前陸軍中將。不過現在日本制服警察使用的新南部
　M60轉輪手槍，並不是南部麒次郎所設計的。

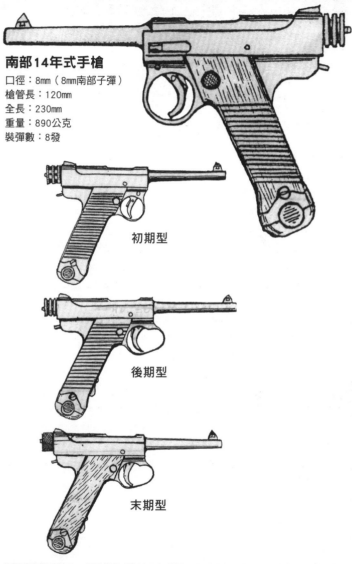

南部14年式手槍

口徑：8mm（8mm南部子彈）
槍管長：120mm
全長：230mm
重量：890公克
裝彈數：8發

初期型

後期型

末期型

基礎知識篇

手槍篇

步槍篇

衝鋒槍篇

機槍篇

狙擊步槍篇

霰彈槍篇

彈藥篇

在日本也可以用的實槍篇

後期型把護弓加大，就算戴著手套也很好射擊。末期型很明顯可以看出握柄和槍栓製作得很隨便。

基礎知識篇

手槍篇

步槍篇

衝鋒槍篇

機槍篇

狙擊步槍篇

霰彈槍篇

彈藥篇

在日本也可以用的實槍篇

誇耀德國產品精密度的
魯格P08

說到20世紀德國手槍的話，
最有名的就是魯格P08和瓦爾特P38吧？
魯格P08的外型好看，運作方式又特殊，因此應該有不少人認識它。
現在本槍已經變成骨董品了，但使用的彈藥目前還是很常用。

◆獨特的肘節閉鎖方式

大部分的自動手槍，都是讓滑套前後移動來進行填彈、退殼；但魯格P08是使用像往復式發動機般的槍栓，讓這種槍栓來回運作，來達成填彈、退殼的動作。這種方式稱為肘節式閉鎖。

有人會疑問，為什麼要用這種麻煩的構造呢？這是因為魯格P08誕生於100年前，是自動手槍剛出現的時代，因此設計者也特別費盡心思去設計的原故吧。筆者個人雖然很喜歡這把槍，但也僅止於復古情懷，如果要拿這把槍上戰場的話，一定會回絕的。雖然這把槍也曾是活躍至第一次世界大戰的優秀武器，但就現代的戰鬥來說還是太老舊了。

1938年瓦爾特P38被德軍採用為制式之後，就軍用槍而言，構造複雜、生產較花工夫的魯格P08就退出第一線了。

◆使用的彈藥目前仍被使用

雖然魯格已經完全是過去的手槍了，但本槍使用的9mm魯格子彈（又稱為巴拉貝姆彈），仍被後來製造的許多手槍繼續使用。自衛隊的9mm手槍使用的也是這款子彈。9mm魯格子彈是以0.42公克的火藥來發射7.45公克的彈頭。初速是365公尺／秒。

※魯格：這個名字來自於設計者Georg Luger，和美國的武器生產商Sturm, Ruger無關。
※退出第一線：第二次世界大戰時，為了彌補瓦爾特P38生產數量的不足，在大戰中還是有繼續生產魯格P08。

基礎知識篇

手槍篇

步槍篇

衝鋒槍篇

機槍篇

狙擊步槍篇

霰彈槍篇

彈藥篇

在日本也可以用的賽槍篇

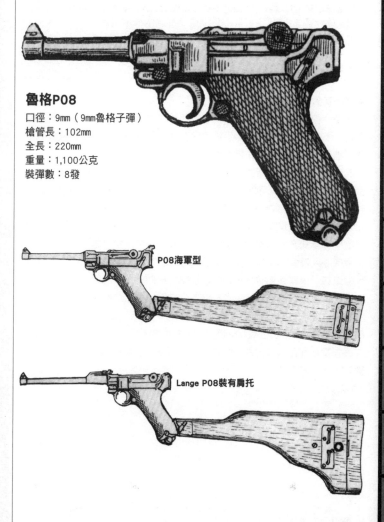

魯格P08

口徑：9mm（9mm魯格子彈）
槍管長：102mm
全長：220mm
重量：1,100公克
裝彈數：8發

P08海軍型

Lange P08裝有肩托

基礎知識篇

手槍篇

步槍篇

衝鋒槍篇

機槍篇

狙擊步槍篇

霰彈槍篇

彈藥篇

在日本也可以用的實槍篇

說到魯邦就是！
瓦爾特P38

在日本，這款槍因為是『魯邦3世』的主角魯邦愛用的槍而知名。
但其實瓦爾特P38是第二次世界大戰時德軍採用為制式的自動手槍。
作為軍用手槍，
瓦爾特P38很早就採用了雙動模式。

◆可以安全地攜帶，迅速地射擊

　　自動手槍的第一發子彈必需以手拉動滑套才能發射。但如果在緊急使用時，不但會比雙動式轉輪手槍的速度慢（＝直接扣下很重的扳機），速度甚至比不上以手指立起擊錘的單動式轉輪手槍。

　　既然如此，那事先就把滑套拉過，讓子彈進入膛室的話如何？就算有保險裝置，把擊錘立起的手槍掛在腰上行走，還是有意外發射的危險。

　　對應方式是：在彈藥已經進入膛室的情況下，以手指牢牢抓住擊錘，扣下扳機後，再慢慢放倒擊錘。如此一來只要擊錘沒立起，子彈就不會發射，可以安全地攜帶。緊急時再像單動式轉輪手槍一樣，立起擊錘扣下扳機。大部分的自動手槍都是這樣的構造。

　　但這樣一來就會輸給只要扣住扳機就能射擊的雙動式轉輪手槍了。因此出現了只要扣下扳機就能讓擊錘立起的雙動式自動手槍。

　　電影『007』中詹姆士龐德使用的瓦爾特PPK或動畫『魯邦3世』使用的瓦爾特P38，都是這種雙動模式的自動手槍。

　　這種模式在第二次世界大戰之後越來越多，在現代自動式手槍＝雙動模式已經是常識了。

※瓦爾特：所生產的手槍很有名，不過在競賽用步槍的領域中也很知名。
※瓦爾特PPK：意思是「警察用手槍，瓦爾特PP的小型版」。

基礎知識篇

手槍篇

步槍篇

衝鋒槍篇

機槍篇

狙擊步槍篇

霰彈槍篇

彈藥篇

在日本也可以用的賣槍篇

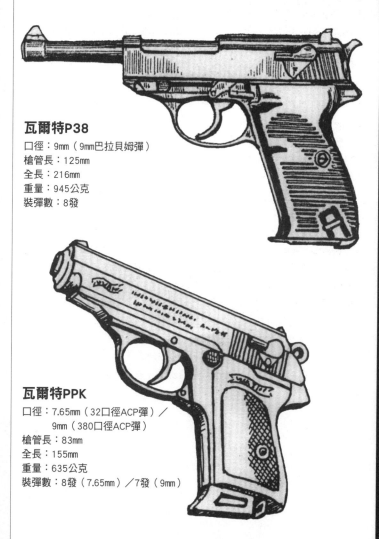

瓦爾特P38

口徑：9mm（9mm巴拉貝姆彈）
槍管長：125mm
全長：216mm
重量：945公克
裝彈數：8發

瓦爾特PPK

口徑：7.65mm（32口徑ACP彈）／
　　　9mm（380口徑ACP彈）
槍管長：83mm
全長：155mm
重量：635公克
裝彈數：8發（7.65mm）／7發（9mm）

基礎知識篇

手槍篇

步槍篇

衝鋒槍篇

機槍篇

狙擊步槍篇

霰彈槍篇

彈藥篇

在日本也可以用的寶槍篇

強大的制止力!!
科爾特Government

> 曾在70年以上的時間中一直是美軍制式手槍的科爾特Government，
> 在以美軍為主題的戰爭電影中一定會登場。
> 現在雖然已經不再是軍隊的制式手槍，
> 但還是有許多美國人熱愛它的力量。

◆45口徑是美國人的心!?

1911年，美軍採用了約翰·白朗寧所設計的自動手槍為制式，這就是俗稱「科爾特Government」的科爾特M1911。

「Government」是政府或政治的意思。軍方所採用的裝備品應該全都是「政府式」才對，但不知為何只有這款槍被通稱為Government。

槍的口徑是0.45（11.4mm），使用的彈藥稱為45口徑APC子彈，以0.32公克的火藥發射15公克重的彈頭，初速是比音速更慢的260公尺／秒。

歐洲國家的手槍大多是9mm，而且彈頭的速度快，但美國卻是採用低速的大口徑手槍。這是從19世紀末的菲律賓獨立運動中所得到的教訓：在鎮壓獨立運動時，0.38口徑的轉輪手槍無法阻止使用彎刀前進的菲律賓游擊隊，美國士兵因此被殺。

NATO的制式武器中，手槍子彈是9mm魯格子彈（9mm巴拉貝姆彈）。美軍也在1985年採用口徑9mm的貝瑞塔M92FS為新的制式手槍。但因為美國人心中「手槍的威力，比起穿透力，以大顆子彈打倒敵人才是最重要的！」的45口徑信仰還是很強烈，所以軍方也有一些自行使用45口徑的特種部隊存在。

※約翰·白朗寧：猶他州出身的美國槍械發明家。
※45 APC子彈：APC是「Automatic Colt Pistol」的簡稱。除了45 APC外還有25 APC、32 APC、380APC等口徑。
※NATO：北大西洋公約組織。1949年依北大西洋公約而組成的軍事組織。企圖統一成員國的裝備，成員國一起採用的武器稱為NATO制式。

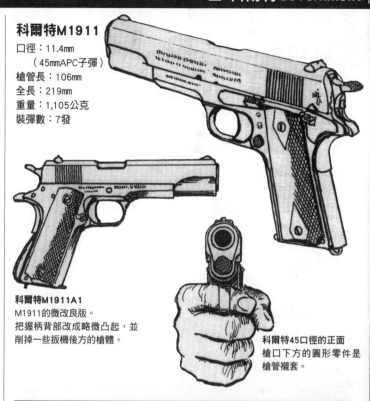

科爾特M1911

口徑：11.4mm
　（45mmAPC子彈）
槍管長：106mm
全長：219mm
重量：1,105公克
裝彈數：7發

科爾特M1911A1
M1911的微改良版。
把握柄背部改成略微凸起，並
削掉一些扳機後方的槍體。

科爾特45口徑的正面
槍口下方的圓形零件是
槍管襯套。

◎射擊報告

　　早期的自衛隊使用的是美軍提供的，在第二次世界大戰時使用的中古裝備。之後漸漸地更新為國產品，但手槍還是沒怎麼更新，因此筆者年輕時，自衛隊的部隊中還有科爾特M1911存在著。

　　科爾特M1911在1923年時做了小改良，成為M1911A1。維持M1911初期型樣式的槍在美國具有古董品的價值。雖然是很古老的槍，但從前的生產者在製作方面相當用心，因此扳機動作流暢，比在第二次世界大戰中製造的M1911A1還要好。

　　火藥量比外表看起來的少，沒有劇烈的後座力，但因為是低速發射45口徑的沉重彈頭，所以後座力有鈍重的感覺。

基礎知識篇

手槍篇

步槍篇

衝鋒槍篇

機槍篇

狙擊步槍篇

霰彈槍篇

彈藥篇

在日本也可以用的實槍篇

基礎知識篇

手槍篇

步槍篇

衝鋒槍篇

機槍篇

狙擊步槍篇

霰彈槍篇

彈藥篇

在日本也可以用的實槍篇

種類太多!?
科爾特Government的衍生型

也被稱為「科爾特45」的科爾特Government，
在現在的美國也非常地受歡迎。
除了科爾特公司的產品外，競爭公司的史密斯威森或外國的生產商，
都製造過科爾特Government的仿製槍。

◆有許多的衍生型、仿製型和拷貝版……

　　對槍迷來說，「Government」就等於是科爾特45口徑自動手槍。除了和美軍採用的版本相同的市販品之外，也有隨著時代而做細部改變、配合使用者的興趣而個人化等等，各種各樣的衍生版本。在槍迷的世界中，從軍方制式型到完全看不出是「科爾特Government」的產品，只要基本設計是來自科爾特M1911的衍生型，全都總稱為「Government」。

　　在這裡舉出一些科爾特公司量產的衍生型號。

　　和軍用M1911幾乎完全相同，但把準星、照門、擊錘和撞針等做了一些小改良的是，在1923年被美軍採用為制式的「M1911A1」；使用鋁合金，把槍管略微縮短來輕量化的是「Commander」；因為有耐用性問題，所以改回鋼製槍管的「Combat Commander」；把槍管更加短縮的「Officers」；比Officers更加短一點的「Defender」；只有短期生產，口徑改為10mm的「Delta Elite」；做為競賽射擊用的「Gold Cup National Match」等等。因為專利期已經過了，所以科爾特公司以外的生產商也製造了許多與Government相似的手槍。如果加上小公司的少量生產訂製品的話，根本算不清楚共有多少種類。

※M1911A1：把採用為制式的M1911做一次改良的意思。

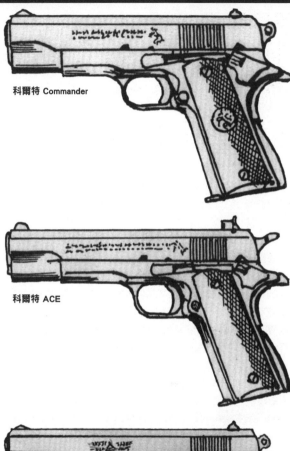

科爾特 Commander

科爾特 ACE

科爾特精英型
（10 mm AUTO 子彈）

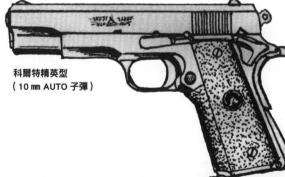

基礎知識篇

手槍篇

步槍篇

衝鋒槍篇

機槍篇

狙擊步槍篇

霰彈槍篇

彈藥篇

在日本也可以用的實槍篇

基礎知識篇

手槍篇

步槍篇

衝鋒槍篇

機槍篇

狙擊步槍篇

霰彈槍篇

彈藥篇

在日本也可以用的寶槍篇

貝瑞塔的手槍
很時尚!?

美軍在決定代替科爾特Government的新制式手槍時，
留到測試最後的是
外表粗獷的SIG SAUER P226和有時尚感的貝瑞塔M92。
最後勝出的是……？

◆義大利的代表性槍械生產公司

說到貝瑞塔這間槍械生產商，是何時創立的呢？正確的創立時期並不清楚，但在記錄上，1526年時這公司就已經存在了。現在是義大利的代表性槍械公司，雖然在步槍的世界不太有名（但仍幫義大利軍生產步槍），不過作為霰彈槍的生產商，則是世界知名的公司。日本也有許多愛用貝瑞塔霰彈槍的射手。

但貝瑞塔製造手槍的歷史卻意外地短。第一次世界大戰時製造的M1915自動手槍是該公司第一次製造的手槍。之後也製作了幾款手槍，但除了小型手槍的M1934外都不值一提。而且連M1934都在『007』中被損「不要用貝瑞塔，改用SAUER吧」。就算只是電影中的台詞，但對於歷史悠久的老店招牌來說還是很掛不住面子的事。

◆M92被美軍採用為制式

因此貝瑞塔盡力研發手槍，完成了後來讓美軍採用為M9制式手槍的貝瑞塔M92FS。美軍採用的新手槍不是科爾特，也不是史密斯威森，而是義大利的貝瑞塔，大大挽回了老字號招牌的面子。

趁著這股氣勢，貝瑞塔接著又研發了各種新型手槍。改良M92FS，使握柄更好掌握，而且彈匣容量增加到17發的90TWO、塑料製槍體的P×4等新世代貝瑞塔手槍。

※美軍採用為制式：貝瑞塔M92FS在1985年被採用為制式。但士兵的裝備不是一口氣全部更新，所以之後45口徑的M1911A1還是被使用了很長一段時間。

□ 貝瑞塔的手槍

基礎知識篇

手槍篇

步槍篇

衝鋒槍篇

機槍篇

狙擊步槍篇

霰彈槍篇

彈藥篇

在日本也可以用的實槍篇

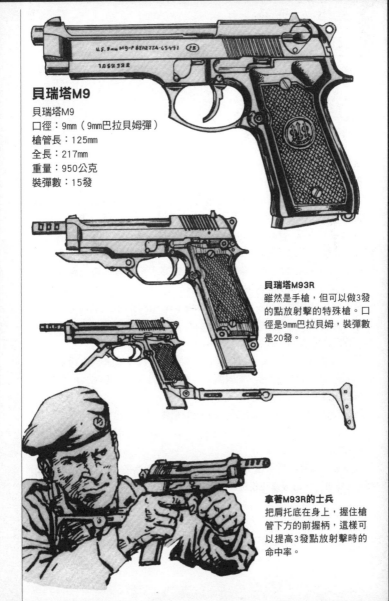

貝瑞塔M9

貝瑞塔M9
口徑：9mm（9mm巴拉貝姆彈）
槍管長：125mm
全長：217mm
重量：950公克
裝彈數：15發

貝瑞塔M93R
雖然是手槍，但可以做3發的點放射擊的特殊槍。口徑是9mm巴拉貝姆，裝彈數是20發。

拿著M93R的士兵
把肩托底在身上，握住槍管下方的前握柄，這樣可以提高3發點放射擊時的命中率。

基礎知識篇

手槍篇

步槍篇

衝鋒槍篇

機槍篇

狙擊步槍篇

霰彈槍篇

彈藥篇

在日本也可以用的實槍篇

劃時代的
白朗寧Hi-Power

自動手槍比轉輪手槍優秀的地方，
就是裝彈數比較多這點。
白朗寧最後設計的自動手槍，特別在彈匣的部分下了工夫，
成功地讓裝彈數更為增加，是劃時代的手槍。

◆裝彈數多的「Hi-Power」

白朗寧M1935—暱稱「白朗寧Hi-Power」—是科爾特Government的設計者約翰‧白朗寧在第一次世界大戰後所設計的手槍。在「把握柄作為彈匣使用」這部分和毛瑟Military不同，是世界第一把雙排彈匣（Double Column Magazine）的手槍。雖然本槍是由白朗寧所設計，不過是在他死後，由比利時的FN公司所製造。之後成為英軍的制式手槍，也有在加拿大生產。被中華民國（國民黨軍）及日本的海上保安廳等等，超過50個以上的國家所採用。

為了國民黨軍生產的版本，和毛瑟Military一樣有木製的槍套兼肩托，而且還有遠距離射擊用的表尺。但以實用性來說，在手槍上加裝這些其實沒有多大意義。

直到20世紀中期為止，可以裝入13發9mm巴拉貝姆彈的白朗寧Hi-Power是很受歡迎的手槍。從誕生起一直是單動模式，但在1983年時也研發出了雙動模式的槍。

但在現代，可以裝入15發左右子彈的雙動式自動手槍也增多了，使用鋁合金或塑膠來輕量化的手槍成為主流，以鐵塊削成的白朗寧Hi-Power漸漸成為舊式。

但還是有些認為塑膠製手槍不可信任的支持者存在。據說英國的特種部隊SAS也有一部分還在使用Hi-Power。

※FN公司：Fabrique Nationale d'Herstal ，比利時的槍械生產商。

基礎知識篇

手槍篇

步槍篇

衝鋒槍篇

機槍篇

狙擊步槍篇

霰彈槍篇

彈藥篇

在日本也可以用的實槍篇

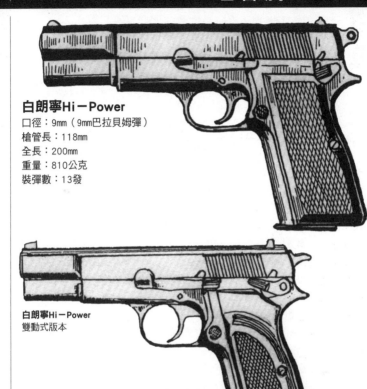

白朗寧Hi－Power
口徑：9mm（9mm巴拉貝姆彈）
槍管長：118mm
全長：200mm
重量：810公克
裝彈數：13發

白朗寧Hi－Power
雙動式版本

◎射擊報告

　　實際射擊時，扳機的部分並沒有非常流暢的感覺。這是因為扳機和擊錘的連結部分在設計上有些問題。慢慢地、靜靜地扣扳機狙擊目標時，這種遲鈍的感覺會很明顯。但在實戰中或必需瞬間攻擊對方的情況時則不會在意這點。畢竟這不是會左右命中率的事。

　　平衡感佳所以手持容易，但以9mm手槍來說，射擊時槍口的上揚稍微大了一點。

基礎知識篇

手槍篇

步槍篇

衝鋒槍篇

機槍篇

狙擊步槍篇

散彈槍篇

彈藥篇

在日本也可以用的實槍篇

惡名昭彰的**托加列夫**沒有保險裝置!?

講到手槍，比起科爾特Government，托加列夫可能更有名。
不過是負面意義上的有名……
在日本，托加列夫給人是犯罪者專用槍的印象，
實際上它是怎樣的一把槍呢？

◆印象中是黑道專用的槍……

托加列夫TT33是第二次世界大戰時的蘇聯（現俄羅斯）所製作的軍用自動手槍。為了能夠方便地大量生產，把構造簡單化，所以沒有保險裝置。唯一的保險裝置是半待發狀態（Half cocked），也就是把擊錘稍微抬起，讓擊錘停在擊發位置和待發位置之間。在這樣的狀態下就算扣動扳機，擊錘也不會動作。在射擊時，必需重新把擊錘整個提起才行。大部分的手槍都有這種半待發的結構，不管是轉輪手槍或自動手槍。

托加列夫的祖國俄羅斯在1950年後就已經不用此槍，但中國有仿製品，所以現在依然是現役的自動手槍。

托加列夫因為被走私到日本，常被黑道作為犯罪工具，所以給人的印象並不好。但筆者個人是很喜歡這款槍的。威力強而且槍身相對地小型好拿，即使是手掌不大的人也可以單手使用。

使用的子彈和毛瑟手槍相同，但中國的仿製版托加列夫把彈藥的威力提高到500公尺／秒的程度。作為軍用槍來說算是世界最強的槍。

實際射擊的感想是，如果筆者不得不前往戰場時，被人塞了一把托加列夫的話，是不會拒絕使用它的。雖然沒有保險裝置，但有半待發狀態可以使用就行了。以軍用槍來說是及格的手槍。

不過，現在中國軍也漸漸把制式手槍換成中國自己設計的92式手槍了。

※托加列夫：名稱來自設計者Fedor Vasilievich Tokarev。

□ 托加列夫

基礎知識篇

手槍篇

步槍篇

衝鋒槍篇

機槍篇

狙擊步槍篇

霰彈槍篇

彈藥篇

在日本也可以用的實槍篇

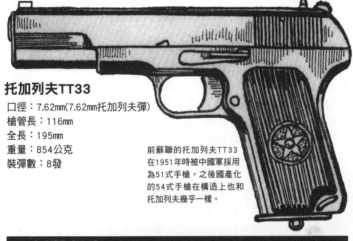

托加列夫TT33

口徑：7.62mm(7.62mm托加列夫彈)
槍管長：116mm
全長：195mm
重量：854公克
裝彈數：8發

前蘇聯的托加列夫TT33
在1951年時被中國軍採用
為51式手槍。之後國產化
的54式手槍在構造上也和
托加列夫幾乎一樣。

◎射擊報告

　　實際射擊托加列夫，有像是射擊高速子彈般的劇烈後座力。45口徑的科爾特Government是以低速來擊出沉重的彈頭，鈍重的後座力會讓槍口上揚。托加列夫子彈的火藥雖比45口徑來得多，但是用來高速發射較輕的彈頭，所以上揚的程度不如科爾特Government那麼大。但上揚的速度很快，而且在中型手槍中燃燒大型手槍程度的火藥，握著握柄的手掌內側會有被打中般的衝擊感。但還是具有能夠確實地擊中25公尺內的人的命中精度。

基礎知識篇

手槍篇

步槍篇

衝鋒槍篇

機槍篇

狙擊步槍篇

霰彈槍篇

彈藥篇

在日本也可以用的實槍篇

托加列夫的後繼槍
馬卡洛夫手槍

繼托加列夫之後，
被蘇聯軍採用的手槍是PM，通稱馬卡洛夫。
這是第二次世界大戰後到冷戰期間軍隊和警察使用的手槍，
但和前代比起來威力稍嫌不足……

◆馬卡洛夫手槍

　　第二次世界大戰後的1951年，蘇聯把馬卡洛夫採用為托加列夫的後繼用制式手槍。這款手槍是參考德國的瓦爾特PP來研發的雙動式自動手槍，而且在滑套後方也有手動保險裝置。

　　口徑為9mm，但使用的不是9mm巴拉貝姆彈，而是9mm×18（9mm馬卡洛夫子彈）這種威力不強的子彈。這是以0.2公克火藥發射6.1公克彈頭，初速315公尺／秒的威力很弱的子彈。火藥量不多所以容易射擊，但沒有像托加列夫那樣可以擊穿護甲或射穿磚牆攻擊另一頭的敵人的力量。作為軍用槍來說威力不足，但原本手槍這種武器在前線就不是很有用處。也許蘇聯軍是打算把手槍作為「用來射殺不聽從命令的士兵」的武器？如果是這樣的話，馬卡洛夫也許能稱為不錯的手槍。

　　但馬卡洛夫比瓦爾特PPK大上一號。也許對有些人來說這種大小的槍比較好用，但對手掌小的人來說，PPK會比較合手。

　　在蘇聯解體後，俄國或東歐製的馬卡洛夫被外銷到歐美。和托加列夫不同，有保險裝置，而且和性能相較之下，價格也不高，所以賣得很好。對體格較大的歐美人來說，馬卡洛夫也許比PPK更適合他們使用。

　　順帶一提，俄國現在採用的制式手槍是使用9mm巴拉貝姆彈的Yarygin手槍（MP－443）。

※PM：Pistolet Makarova（馬卡洛夫的手槍）。馬卡洛夫的通稱來自研發者Nikolay Fyodorovich Makarov。
※護甲：也就是防彈衣，也稱為防彈背心。

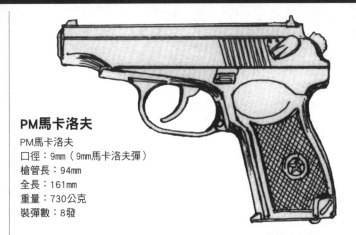

PM馬卡洛夫

PM馬卡洛夫
口徑：9mm（9mm馬卡洛夫彈）
槍管長：94mm
全長：161mm
重量：730公克
裝彈數：8發

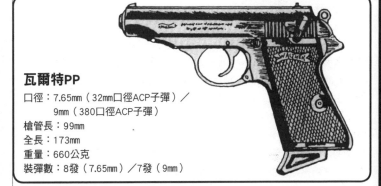

瓦爾特PP

口徑：7.65mm（32mm口徑ACP子彈）／
　　　9mm（380口徑ACP子彈）
槍管長：99mm
全長：173mm
重量：660公克
裝彈數：8發（7.65mm）／7發（9mm）

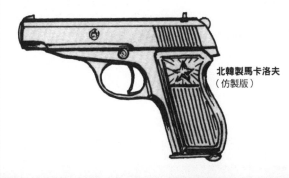

北韓製馬卡洛夫
（仿製版）

基礎知識篇

手槍篇

步槍篇

衝鋒槍篇

機槍篇

狙擊步槍篇

霰彈槍篇

彈藥篇

在日本也可以用的實槍篇

基礎知識篇

手槍篇

步槍篇

衝鋒槍篇

機槍篇

狙擊步槍篇

霰彈槍篇

彈藥篇

在日本也可以用的實槍篇

切·格拉瓦愛用的
斯捷奇金APS手槍

這款全自動手槍是由伊戈爾·斯捷奇金所設計，
在1950年代初期被蘇聯軍採用為制式。
這並不是步兵用手槍，
而是作為裝甲車的乘員或炮兵、將校的護身用武器而採用的。

◆斯捷奇金APS手槍很優秀，但……

馬卡洛夫手槍可以說是長官用來槍殺不聽命令的士兵，或是自殺用的手槍，但作為前線用手槍的話太小型而且威力不足。

因應這種情況而研發出來的是斯捷奇金APS手槍。大小、重量都和科爾特Government差不多，而且和毛瑟Military一樣有槍套兼槍托可用。彈匣可以裝入20發的子彈，還可以全自動射擊。

作為軍用子彈，9mm馬卡洛夫子有點威力不足，但相反地，也容易以全自動模式射擊。和全自動射擊型的毛瑟手槍相比的話，穩定度高很多。以全自動模式來射擊時，對人體有效的命中距離是30公尺左右，這對手槍來說算是很優秀的。如果裝上肩托以半自動模式射擊的話，還可以命中150公尺遠的目標。

古巴的卡斯楚和切·格拉瓦在1960年代訪問蘇聯時，當時的總書記赫魯雪夫把斯捷奇金當作禮物送給他們。兩人相當喜歡這項禮物，格拉瓦在玻利維亞被殺害時也帶著這把槍。的確，對於進行恐怖活動或游擊戰的人來說這是把很有魅力的槍。

但蘇聯可能認為再怎麼優秀的手槍，在現代戰爭中還是很少有出場的機會，最後這款槍並沒有配給一般部隊使用。只有讓KGB或特種部隊裝備使用，沒有大量生產就結束了。

※卡斯楚：菲德爾·卡斯楚。古巴革命的領導者。
※格拉瓦：埃內斯托·格拉瓦，古巴的革命家。「切·格拉瓦」是暱稱。
※KGB：蘇聯國家安全委員會。蘇聯的情報機關、秘密警察。

基礎知識篇

手槍篇

步槍篇

衝鋒槍篇

機槍篇

狙擊步槍篇

霰彈槍篇

彈藥篇

在日本也可以用的買槍篇

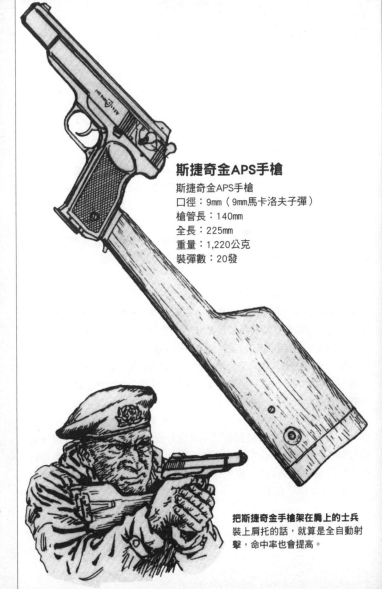

斯捷奇金APS手槍

斯捷奇金APS手槍
口徑：9mm（9mm馬卡洛夫子彈）
槍管長：140mm
全長：225mm
重量：1,220公克
裝彈數：20發

把斯捷奇金手槍架在肩上的士兵
裝上肩托的話，就算是全自動射
擊，命中率也會提高。

基礎知識篇

手槍篇

步槍篇

衝鋒槍篇

機槍篇

狙擊步槍篇

霰彈槍篇

彈藥篇

在日本也可以用的實槍篇

Nagant**轉輪手槍**的 錯誤嚐試

轉輪手槍是把彈匣兼作膛室使用。
在構造上，不管怎樣都會出現空隙，
所以在轉輪手槍上裝消音器是沒有意義的。
難道沒有把空隙塞住，防止發射氣體漏出的方法嗎？

◆想要阻止噴出的發射氣體

一般來說，轉輪手槍的槍管和膛室間會有一些空隙。在火藥燃燒，把彈頭發射出去的時候，發射氣體會從這空隙中漏出。如果嚐試把轉輪手槍放入紙袋或塑膠袋中，只讓槍口露在外面發射的話，從空隙噴出的發射氣體還可以把袋子衝破。發射氣體的強度，在沒戴手套的情況下，會讓扣扳機的手指出現細小的傷口。但如果把這空隙縮得極小的話，火藥燃燒產生的碳素會把空隙塞住，這樣一來彈筒就無法轉動。

◆「密封氣體」的轉輪手槍

Nagant這種手槍的彈頭前端會陷在彈殼之中，外觀上看起來像是只有彈殼而已。豎起擊錘時彈筒會稍微向前，彈殼口部會與槍管密合，塞住空隙，如此一刺在擊發時，發射氣體便不會漏出。

這是1895年，帝俄時代時採用的轉輪手槍。從日俄戰爭起使用於前線到第一次世界大戰為止。在以托加列夫為主的第二次世界大戰中，也作為輔助來使用。

因為發射氣體不會漏出，所以火藥的能量不會喪失，可以提高初速……理論上是這樣，但在實戰中並沒有比較高的威力。可以說這個設計節構把心力放在不必要的地方。比起氣體的外漏，還不如改善填彈與退殼方面的速度問題。這款槍的填彈方式比早它22年出生的科爾特Peacemaker還要不方便。

※Nagant：研發者並不是俄國人，而是比利時的Nagant兄弟。

基礎知識篇

手槍篇

步槍篇

衝鋒槍篇

機槍篇

狙擊步槍篇

霰彈槍篇

彈藥篇

在日本也可以用的實槍篇

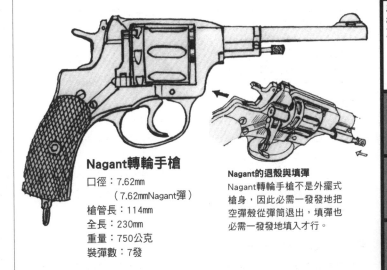

Nagant轉輪手槍

口徑：7.62mm
　　　（7.62mmNagant彈）
槍管長：114mm
全長：230mm
重量：750公克
裝彈數：7發

Nagant的退殼與填彈
Nagant轉輪手槍不是外擺式
槍身，因此必需一發一發地把
空彈殼從彈筒退出，填彈也
必需一發一發地填入才行。

◎射擊報告

　　Nagant轉輪手槍不是外擺式槍身，因此必需把彈筒中的空彈殼一一退出才行，填彈也必需一發發填入。

　　這把槍在外觀上並不亮眼，但實際握在手上時卻意外地合手。「喔！該不會很好用……!?」不禁如此地期待了一下，但也只有這樣而已。

　　以雙動模式射擊時，扳機十分沉重。可以說是根本無法使用雙動模式。

　　以初速271公尺／秒擊出7.62mm的彈頭，但這會有威力不足的問題。似乎和馬卡洛夫手槍一樣，是用來槍殺不服從命令的士兵的道具。順帶一提，妖僧拉斯普欽被射了5發Nagant後還是沒死，最後是丟到河裡才溺死的。

基礎知識篇

手槍篇

步槍篇

衝鋒槍篇

機槍篇

狙擊步槍篇

霰彈槍篇

彈藥篇

在日本也可以用的實槍篇

在動作片中相當活躍
SIG SAUER

在電影『機器戰警』及美劇『反恐24小時』等動作影劇中
不可或缺的手槍就是SIG SAUER的P220系列。
但為什麼會寫成「SIG SAUER」，
是有些理由的……

◆自動手槍中的勞斯萊斯P210

SIG是「瑞士工業公司」的簡稱。雖然對槍迷來說是一間槍械生產公司，但它原本是生產火車車輛的公司。以日本來說，就像大企業的「XX重工」一般的感覺，槍械的製造只是其中的一小部門而已。

SIG的手槍製造歷史很短，是第二次世界大戰結束之前才開始。但其技術力很高，被瑞士採用的P210系列的品質之高，被稱為「自動手槍中的勞斯萊斯」。但因為太高級了，所以也很難賣到國外。

◆自衛隊也使用的SIG SAUER P220系列

P210是單動式設計，製造也相當耗時耗工。後來改良成雙動模式，以壓鑄成型法製造零件來大量生產，成為P220。

P220相當暢銷，日本自衛隊也將其採用為9mm制式手槍。採用雙排彈匣，可以15連發的是P226；把槍身縮短的是P228；小型化成美國人喜歡的護身用45口徑的是P245；使用357 SIG這種新型強力彈藥的是P229。此外還有和P220系列不同，但使用日本警察採用的38ACP子彈的小型手槍P230等，不斷地研發出許多新產品。

20世紀末以後，SIG不斷研發出高品質的槍。一方面是因為SIG本身的技術，另一方面也可以歸功於在1976年收購了德國槍械生產公司Sauer & Sohn吧。（因此產品名是SIG SAUER）

※SIG公司：全名Schweizerische Industrie Gesellschaft。現在SIG已經把槍械部門出售，不再生產槍械。

☐ SIG SAUER

基礎知識篇

手槍篇

步槍篇

衝鋒槍篇

機槍篇

狙擊步槍篇

霰彈槍篇

彈藥篇

在日本也可以用的實槍篇

SIG SAUER P220

口徑：9mm（9mm巴拉貝姆彈）
槍管長：112mm
全長：198mm
重量：810公克
裝彈數：9發

日本自衛隊也把它採用為9mm手槍，
並有特許生產權。

SIG SAUER P226

口徑：9mm（9mm巴拉貝姆彈）
槍管長：112mm
全長：196mm
重量：845公克
裝彈數：15發

在美軍的制試手槍測試中，和貝瑞塔
競爭到最後的名槍。

Sauer & Sohn公司在2000年從SIG手中把股份買回，
因此公司名從SIG SAUER再次變回Sauer & Sohn。

基礎知識篇

手槍篇

步槍篇

衝鋒槍篇

機槍篇

狙擊步槍篇

霰彈槍篇

彈藥篇

在日本也可以用的實槍

因為『終極警探2』的名場面而出名！塑膠製手槍**葛拉克**

葛拉克經常出現在影像作品之中，
例如電影『終極警探』及『駭客任務』等等。
大量使用稱為聚合物的強化塑膠並且得到成功的葛拉克，
改變了之後的手槍市場。

◆**顛覆了既有常識的設計風格與概念**

　　奧地利的葛拉克公司，原本是一間和槍械毫無關係的塑膠加工公司。但老闆Gaston Glock似乎很喜歡槍械（曾出貨─機槍用帶環與小刀─給軍方），有天突然開始研發起塑膠製手槍，與許多有名的槍械製造公司的競爭，從中脫穎而出，被採用為奧地利軍的制式手槍。

　　因為槍身是以塑膠製成，所以重量是金屬製品所不能及的輕。槍身輕的話後座力應該會很強，但強化塑膠這種素材會吸收衝擊，因此實際射擊時，後座力不會很強烈，很好射擊。扳機與擊發機構用了許多既有槍枝概念所無法想像的獨特做法，剛開始使用時會有點不習慣，但在1980年代後半之後，其實用性得到了很高的評價，銷量大增。

　　奧地利採用的最早期型葛拉克17，可裝填17發9mm巴拉貝姆彈。之後也研發了口徑10mm的葛拉克20、口徑45的葛拉克21、使用41史密斯威森子彈的葛拉克22、使用357 SIG子彈的葛拉克19、23、14、32、38，還有更加小型化的26、27、28、29、30、33、39等等。

　　葛拉克的成功對槍械的世界帶來了很大的影響，在此之後，世界上的槍械製造公司都會在意識到葛拉克產品的情況下研發新產品。

※45 GAP子彈：GAP是「Glock Automatic Pistol」的縮寫。

基礎知識篇

手槍篇

步槍篇

衝鋒槍篇

機槍篇

狙擊步槍篇

霰彈槍篇

彈藥篇

在日本也可以用的實槍篇

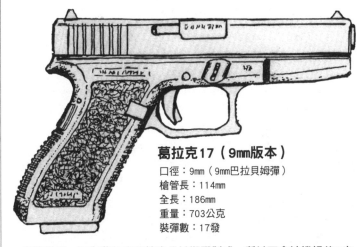

葛拉克17（9mm版本）

口徑：9mm（9mm巴拉貝拉姆彈）
槍管長：114mm
全長：186mm
重量：703公克
裝彈數：17發

　　有謠言說，因為葛拉克的槍身是以塑膠製成，所以不會被機場的X光檢查出來（電影『終極警探 2』中有這樣的場面）。但實際上，因為滑套和槍管還是金屬製的，所以不可能不被發現。

　　除了以強化塑膠製造槍身之外，葛拉克另有一大特色，就是它的保險裝置：沒有手動保險，而是以指頭壓下附在扳機上的小突起來解除保險，進行射擊的這種扳機保險的機構（沒有以指頭扣下扳機的話就絕對無法發射）。但如果不小心拉到扳機的話可能會意外發射，所以也製造了扳機較重的版本。

各國的軍隊及執法機關採用的 H&K USP

> 「USP」直譯的話，
> 就是「通用自動裝填手槍」的意思。
> H&K公司所製造的USP是以塑膠為素材，
> 並採用正統式的運作機構，因可靠度高而獲得了成功。

◆滿足美國特種作戰司令部要求的USP

見到葛拉克的塑膠製手槍相當地成功，德國的H&K（黑克勒－科赫）公司也研發出了塑膠製手槍USP。其實早在葛拉克之前，H&K就已經製造過由強化塑膠製成的VP70手槍，但在商業上並不成功，知名度很低。

USP和葛拉克不同，是有擊錘的類型，因此當然是雙動式手槍；除了槍身外連彈匣都是塑膠製品。這款手槍除了被德軍採用為制式手槍P8之外，也被日本警察的SAT（特殊急襲部隊）及韓國海洋警察特別攻擊隊所採用。USP的衍生型還被US SOCOM（美國特種作戰司令部）採用為Mk23 SOCOM Offensive手槍（45口徑）。

USP的口徑有9×19、40 史密斯威森、45 ACP等種類，彈匣可以裝入15發9mm或13發的40口徑、12發的45口徑子彈。

USP也是第一款把可以在槍身前端加裝手電筒等附加零件的多用途溝槽列為標準裝備的手槍。此外也有專用的手電筒。在USP之後發表的手槍，都把這些作為標準裝備而普及化。

此外還有小一號的「USP Compact」、衍生型的USP 2000的握柄後部零件有大、中、小三種尺寸可以更換，用來配合使用者的手掌大小。

步槍篇

衝鋒槍篇

機槍篇

狙擊步槍篇

霰彈槍篇

彈藥篇

用的實槍篇在日本也可以

※執法機關：英文為「Law Enforcemaent」，略稱為LE。以美國為例，有警察、FBI（聯邦調查局）、DEA（緝毒局）、ATF（菸酒槍炮及爆裂物管理局）、特勤局等等。

基礎知識篇

手槍篇

步槍篇

衝鋒槍篇

機槍篇

狙擊步槍篇

霰彈槍篇

彈藥篇

在日本也可以用的實槍篇

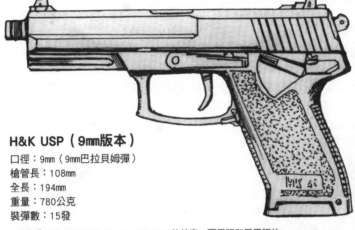

H&K USP（9mm版本）

口徑：9mm（9mm巴拉貝姆彈）
槍管長：108mm
全長：194mm
重量：780公克
裝彈數：15發

USP是「Universal Self－loading Pistol」的縮寫。軍用版和民用版的槍身後部的手動保險裝置的形狀不同。除了使用9mm巴拉貝姆彈及使用45 ACP子彈的版本之外，還有介於兩者之間的40史密斯威森子彈版本。史密斯威森公司所研發的40 史密斯威森子彈具有9mm以上，45 ACP以下的威力，可以作為兩種子彈間的緩衝彈藥而受到矚目。

基礎知識篇

手槍篇

步槍篇

衝鋒槍篇

機槍篇

狙擊步槍篇

霰彈槍篇

彈藥篇

在日本也可以用的實用槍篇

世界最強的自動手槍
沙漠之鷹

使用自動手槍中威力最高的50口徑子彈的沙漠之鷹，
給人的印象相當深刻，
因此常出現在各種影像作品或FPS遊戲之中。
但在現實中，也許會有這麼強力的槍但真的有實用性嗎？

◆作為「實用的手槍」是最強的，但真的實用嗎？

作為世界最強的自動手槍而知名的沙漠之鷹，有357、41、44、50等口徑。世界最強的版本當然是50口徑（＝12.7mm）的那把。

50 AE子彈依販賣的公司，彈頭重量不盡相同，代表性的是以1.94公克火藥發射19.4公克彈頭，初速420公尺／秒的子彈。這威力和以20號口徑的霰彈槍發射重彈頭差不多，也和AK47步槍子彈的能量相近。以手槍來說威力相當大。

如果是轉輪手槍或單發手槍的話，其實有更強力的手槍存在，但那些手槍的後座力之大，不是一般人能使用的。在這點上，因為沙漠之鷹的自動模式是氣動操作，所以後座力雖大但有緩衝。以正確方式持槍的話，連女性也能使用。因此以實用性來講是世界最強的手槍。大部分的自動手槍都是槍管會前後移動的後座作用方式，但沙漠之鷹是槍管固定的氣體操作式，所以命中精度也高。

因為使用的彈藥很大，所以可以裝填20發9mm子彈的握柄，只能裝入7發的50 AE子彈。雖是手槍，但可以打倒大型鹿，因此在美國的某些州被當成獵槍使用。

※FPS：First－person Shooter（第一人稱射擊遊戲）的簡稱。出現很多槍械的遊戲大多屬於這個類型。
※50 AE子彈：AE是「Action Express」的縮寫。
※20號口徑霰彈槍：參照第206頁。
※重彈頭：參照第210頁

□ 沙漠之鷹

基礎知識篇

手槍篇

步槍篇

衝鋒槍篇

機槍篇

狙擊步槍篇

霰彈槍篇

彈藥篇

在日本也可以用的實槍篇

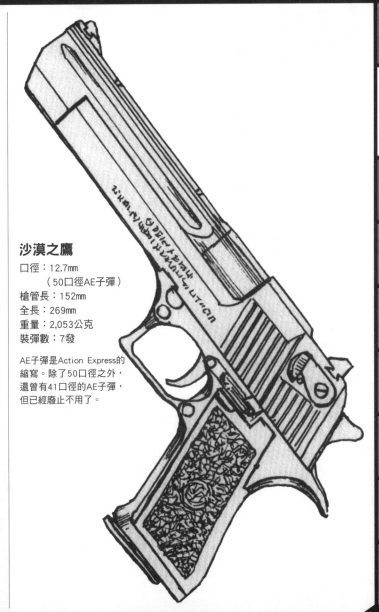

沙漠之鷹

口徑：12.7mm
　　　（50口徑AE子彈）
槍管長：152mm
全長：269mm
重量：2,053公克
裝彈數：7發

AE子彈是Action Express的縮寫。除了50口徑之外，還曾有41口徑的AE子彈，但已經廢止不用了。

基礎知識篇

手槍篇

步槍篇

衝鋒槍篇

機槍篇

狙擊步槍篇

霰彈槍篇

彈藥篇

在日本也可以用的實槍篇

試射了中國軍的
92式手槍之後!?

中國雖然仿製了不少前蘇聯的武器，
但從托加列夫拷貝而來的54式手槍和從馬卡洛夫拷貝而來的59式手槍
都已經太老舊了。
後繼槍的92式則是中國自己設計的手槍，究竟它的實力如何？

◆山寨大國，中國的原創設計

　　中國軍有很長的一段時間，使用的是從蘇聯（俄國）仿製而來的托加列夫手槍。但在軍隊的各種裝備都漸漸近代化的20世紀末，手槍也有新型化的必要。因此中國也研發出了符合世界潮流，有塑膠製槍身、雙動模式、雙排彈匣的92式手槍（雖然被稱為92式，但似乎是1998年才研發完成）。

　　這款手槍使用的不是托加列夫子彈，而是NATO規格的9×19（9mm巴拉貝姆彈）。並且在2000年時研發出了可以穿透護甲的5.8mm小口徑高速子彈。9mm版的彈匣有15發的容量，5.8mm版則可裝入20發子彈。

◆為了東洋人而製的手槍!?

　　以同樣的概念研發出來的FN公司5.7mm子彈的彈殼長度是28mm，中國的5.8mm子彈卻只有21mm。也許5.8mm子彈的威力較弱，但因為後座力導致槍口的上揚也較小，所以適合作為近年反恐部隊使用的雙發快射（Double Tap）用彈藥來使用。

　　筆者至今射擊過數十種的手槍，對於歐美的軍用手槍都有太大、不適合日本人手掌尺寸的感覺。在這點上，中國研發的手槍還是比較符合日本人的需求，也因此愛上了這款手槍的握柄。這個好握的握柄可以裝填15發的9mm巴拉貝姆彈或20發的5.8mm子彈。

※中國軍：中國人民解放軍。正確來說並不是國家的軍隊，而是中國共產黨的軍事部隊，但本書延用一般的說法，以「中國軍」稱之。

基礎知識篇

手槍篇

步槍篇

衝鋒槍篇

機槍篇

狙擊步槍篇

霰彈槍篇

彈藥篇

在日本也可以用的實槍篇

92式手槍（9mm版本）

口徑：9mm（9mm巴拉貝姆彈）
槍管長：111mm
全長：190mm
重量：760公克
裝彈數：15發

◎射擊報告

　　很不錯的手槍。握柄非常地貼手。角型的準星和照門也很好瞄準。為了能在光線昏暗時射擊，準星上還有白點。扳機的動作也很流暢。9mm版本的後座力比想像中的要強，原本以為是葛拉克17左右的後座力，但實際上是和白朗寧Hi－Power差不多的感覺。

　　5.8mm版本的話，後座力小很多，很容易射擊。就像用日本的氣體反衝式空氣槍射擊般的感覺。

基礎知識篇

手槍篇

步槍篇

衝鋒槍篇

機槍篇

狙擊步槍篇

霰彈槍篇

彈藥篇

在日本也可以用的實槍篇

史密斯威森 **M500**是世界最強的轉輪手槍嗎？

超越被稱為「世界最強手槍」M29的轉輪手槍有好幾種，
其中終級版（!?）的可能是M500。
雖然說轉輪手槍可以使用比自動手槍
更強的彈藥，不過……

◆連熊也能殺死的手槍!?

緊急追捕令中說史密斯威森 M29 是「世界最強的手槍」，但那是30年前的事了。因為有人會想「那就由我來做出更強的手槍，取得世界最強的寶座吧！」，所以至今為止出現了使用454 Casull或500 Linebaugh等強力子彈的手槍。

史密斯威森 M500登場於2003年，是至今為止市販的轉輪手槍中最強的槍：以秒速427公尺發射50口徑的28.5公克子彈，威力可與以12號口徑霰彈槍發射重彈頭匹敵，而且是44麥格農子彈的3倍能量。如果曾有以霰彈槍射擊過這種重彈頭的經驗的話，應該就不會想去嘗試以手槍發射這種威力的子彈時的後座力了吧？因為後座力強烈到會讓人懷疑「不會骨折嗎？」的程度。

因此M500設置有槍口制退器，把後座力抑制在不會受傷的程度。但筆者沒有實際射擊過這款手槍，所以無法評論它的後座力究竟如何。

一般來說，如此地追求著必要以上威力的槍其實沒什麼用處。不過如果有和12號重彈頭一樣的威力，就可以在近距離和熊對峙。在熊會出沒的地區，一直帶著步槍或霰彈槍，行動起來也不是很方便，這種時候這款手槍就會是很好的夥伴……也許吧。

但這款史密斯威森 M500和至今為止發表過的「超級麥格農」手槍不同，似乎賣得很好。而且也是『惡靈古堡 4』裡的隱藏武器。

基礎知識篇

手槍篇

步槍篇

衝鋒槍篇

機槍篇

狙擊步槍篇

霰彈槍篇

彈藥篇

在日本也可以用的實槍篇

實際上，M500還有把槍管長度改成狩獵大型野獸用的狩獵用版本。不過如過要殺熊的話，直接用步槍不是更好嗎？

史密斯威森 M500
（8 mm版本）

口徑：12.7mm（500 史密斯威森麥格農子彈）
槍管長：203.2mm
全長：381mm
重量：2,055公克
裝彈數：5發

454 Casull「蠻牛」
使用的是比44麥格農威力強2倍的
454 Casull子彈。

480 魯格
「Super Redhawk」
使用的是比454 Casull更強
的480魯格子彈。

基礎知識篇

手槍篇

步槍篇

衝鋒槍篇

機槍篇

狙擊步槍篇

霰彈槍篇

彈藥篇

在日本也可以用的實槍篇

超小型手槍的代名詞
Derringer

「超級麥格農」的巨大手槍賣得很好，另一方面，
在美國，口袋型的超小型手槍也很受歡迎，其代名詞是Derringer。
超大型和超小型的共通點在「威力」，
但Derringer真的是實用的手槍嗎？

◆用來暗殺總統的槍

　　Derringer原本是名為Henry Derringer的人所製造的口袋型手槍，因為被用來暗殺林肯總統而一夕成名。也就是說，其他生產商所做的小型手槍本來不應該被稱為Derringer的，但就像豐田生產的四輪驅動車也會被叫做「吉普車」；或不是西斯納公司所製造的小型飛機也會被稱為「西斯納」，Derringer已經變成所有口袋型手槍的通稱了。（但「自動手槍」的話不論再怎麼小型也不會被稱為Derringer）

　　總而言之，現在各生產商都是以「○○ Derringer」來為可以藏在手掌中，攜帶方便的手槍命名的。

　　槍的原理是，和使用的子彈相比，槍身重量越輕，後座力就會越強。因此這種小型手槍是以22口徑左右最為實用。

　　但美國的Derringer公司販賣有使用44麥格農或M16步槍用的5.56mm子彈、甚至是410號霰彈等等強力子彈的產品。但其實這些槍的槍管都被設計成發射時讓子彈威力減少，好讓子彈可以安全發射的模式。熟悉槍械的人會覺得這樣的槍根本是在開玩笑，但不懂槍的人也許會以為這是「威力很強的Derringer」而購買。Derringer的威力不強，距離超過5公尺的話，連人類般大的目標都不一定能打中。扳機也沉重到讓人懷疑是不是故障了的程度，必需用很大的力氣才能扣下。

※林肯總統被暗殺：1865年4月14日（死亡時間是15日早上）。

暗殺林肯總統時用的Derringer

Henry Derringer

口徑：44mm Percussion
全長：115mm
裝彈數：1發

拿著Derringer的女性
Derringer是超小型的手槍，
所以女性可以夾在吊帶襪上
攜帶著行動。

成為Derringer代名詞
的版本。

雷明登
Derringer

口徑：41口徑 Rimfire
全長：124mm
裝彈數：2發（上下）

基礎知識篇

手槍篇

步槍篇

衝鋒槍篇

機槍篇

狙擊步槍篇

霰彈槍篇

彈藥篇

在日本也可以用的實槍篇

基礎知識篇

手槍篇

步槍篇

衝鋒槍篇

機槍篇

狙擊步槍篇

霰彈槍篇

彈藥篇

在日本也可以用的實槍篇

手槍的命中率到什麼程度？

在電影或遊戲等虛構的世界之中，
不管使用者是跑是跳，手槍還是能擊中敵人。
當然在現實中不會有這麼好的事。
要先學習正確的射擊方式，經過一再的訓練後才有可能擊中目標。

◆命中精度雖高但無法在戰鬥中使用的槍

　　奧運的自選手槍項目，是在距離50公尺遠處，射擊直徑50mm的圓形計分靶。可以獲得獎牌的選手，大多可以擊中在圓心周圍的10分內。但這是使用完全無視實用性的競賽專用槍─使用只有耳杓挖起程度的火藥的22 Rimfire子彈來射擊的結果。如果因為這種競賽用槍「命中率高」而帶到戰場使用的話，是一點用處都沒有的。而且它是單發槍，就算要用來自殺，沒打中要害的話也很難死成。

◆改變射擊方法的話也可以提高軍用槍的命中率

　　那麼，以軍用槍來射擊的話命中率是多少呢？右圖是筆者以自動手槍托加列夫在距離25公尺遠處射擊的結果。……應該算是普通士兵的程度吧。當然如果是「傳說中的名射手」的話，說不定可以在100公尺遠處擊中人類大小的標靶！但那不是一般人能做到的事。

　　除了以手托住槍外，把握著手槍的手腕抵在沙袋上（依托射擊），或者是把槍機式地固定住的話（當然這在競賽中是禁止的），就算是軍用手槍，命中率也會上升。雖然也要視槍的命中精度而定，但如果在25公尺的距離，依托射擊的話，彈痕會集中在10公分內，機械式固定的話可以縮小到5公分之內。

　　但在現實的槍擊戰中，沒有太多時間可以瞄準，只能一直扣扳機，所以就算只有25公尺遠，也很難命中人類大小的目標。

◎射擊報告

筆者以托加列夫射擊人型靶的結果（距離25公尺）

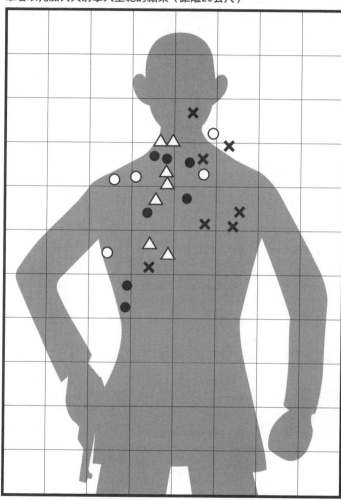

● = 雙手持槍　　○ = 單手持槍　　× = 跪姿　　△ = 臥姿

※使用托加列夫TT33

基礎知識篇

手槍篇

步槍篇

衝鋒槍篇

機槍篇

狙擊步槍篇

霰彈槍篇

彈藥篇

在日本也可以用的實槍篇

基礎知識篇

手槍篇

步槍篇

衝鋒槍篇

機槍篇

狙擊步槍篇

霰彈槍篇

彈藥篇

在日本也可以用的實槍篇

以發射**信號彈**的槍來攻擊**戰車**!?

第二次世界大戰時德軍研發了各式各樣的槍械，
其中作為變種而廣被人知的是信號槍（Leuchtpistole）的改造槍。
原本是作為通訊手段使用的構造單純、單發的信號槍，
最後被改造成了反裝甲武器。

◆雖然是手槍，但不是武器

發射信號用的信號槍，並不是德國特有的產物。和救難信號用的信號槍一樣，都是朝著空中發射有顏色的光或煙的槍。除了在極度的近距離被打中之外，信號槍射出的子彈是沒有殺傷力的。

德軍在第一次世界大戰時，就已經把瓦爾特或毛瑟的信號槍作為信號或聯絡手段來使用了。納粹德國時因為走軍備擴張路線，所以量產了許多信號槍，但這時的信號槍是霰彈槍般的中折式單發槍，而且是滑膛槍（沒有膛線的槍）。信號槍可以發射照明彈，也可以依信號彈的顏色組合而來傳達「開始攻擊」等的信號。

◆「戰鬥手槍」和「突擊手槍」

不知是誰想出了在信號槍的槍口裝上手榴彈來作為榴彈發射器使用的點子。

德軍把信號槍改造成為對人用武器，之後更改造為反裝甲武器。在槍管上刻出膛線，裝上槍托成為榴彈發射槍「Kampfpistole（戰鬥手槍）」，之後更加裝了瞄準具來發射大型的錐形裝藥「Sturmpistole（突擊手槍）」榴彈，不過據說在實際戰鬥中幾乎沒有成效。

但從信號槍改造而成的榴彈發射槍在第二次世界大戰後仍持續發展，最後出現了榴彈發射器（Grenade Launcher）。

信號槍
（Leuchtpistole）

把信號手槍朝空中射擊的德兵
德軍製作了許多信號手槍，但應
該把它們當成榴彈發射器來使
用，是身處前線的人才想得出來
的點子吧。這款信號槍也是第二
次世界大戰後，使用錐型裝藥榴
彈的反裝甲武器的原型。

M79 擲彈筒
（榴彈發射器）

口徑：40mm
槍管長：356mm
全長：737mm
重量：2,720公克
裝彈數：1發

在越戰中活躍的榴彈發射器，除了發射榴彈與信號彈外，
也能發射鎮壓暴動用的非致死性彈藥，因此也被警察使
用。現在被裝在突擊步槍下方的M203取代。

基礎知識篇　手槍篇　步槍篇　衝鋒槍篇　機槍篇　狙擊步槍篇　霰彈槍篇　彈藥篇　在日本也可以用的賽槍篇

CHAPTER. **3**

「步槍」包含了許多可以說是代表武器界門面的超知名名槍。

第二次世界大戰中使用的「M1 加蘭德步槍」、

哥爾哥 13 也使用的突擊步槍「M16」、

新聞中也常見到的「AK47」,

還有日本的榮耀「89 式小銃」……等等。

在戰爭片或特種部隊的故事中一定會登場的這些步槍,

就算在現實世界的戰鬥中也常作為主力武器而活躍。

接下來會介紹這些武器是如何被使用的。

步槍篇

BATTLE RIFLE /ASSAULT RIFLE

「步槍」＝「小銃」＝「步兵銃」是對的嗎？

原本「Rifle」指的是刻在槍管內的溝槽（膛線），
但現在意思變成了有膛線、槍管長的步槍。
使用威力比手槍子彈更強的專門彈藥，把子彈擊到遠方的步槍，
有許多種類。

◆小銃不一定等於軍用步槍

日文的小銃意指的是步槍，但也有給人「軍隊使用的槍」的感覺。但實際上小銃只有小火器的意思而已。有「狩獵用小銃」這樣的名詞，也有名為「○○小銃製作所」的獵槍生產商。雖然狩獵用步槍也算是小銃，但對一般人來說，小銃有很強烈的軍事用語的感覺。

小銃作為軍事用語的定義並不明確，所以只要把軍隊裡士兵最普遍持有的槍斷定為小銃即可。軍用小銃有步兵銃和騎兵銃（騎銃）兩種。步兵銃就是讓步兵使用的槍，也就是步槍；騎兵銃是讓騎兵（騎馬的士兵）使用的槍，也就是卡賓槍。步兵會先從遠處進行槍戰，之後再以刺刀突擊。因此使用的是槍管很長的槍。騎兵因為要在馬上作戰，所以使用的是較短的槍。

◆騎兵雖然消失了，但卡賓槍依然存在

在現代，步兵已經改成以直昇機或裝甲車來作為交通工具，因此不再製造重視刺刀戰鬥的長步槍。現代的步兵所使用的步槍，長度和以前騎兵用的卡賓槍差不多。而騎兵也不復存在了。

不過現代還是有卡賓槍，是分配給不以步槍作戰為主要任務的士兵（例如戰車兵或直昇機駕駛等）拿的槍，長度比一般士兵的步槍來得短。美軍的M4A1卡賓槍原本是給特種部隊使用的槍，但現在也分配給陸軍的一般步兵使用了。

※軍用槍的感覺強烈：日本警察雖然做出了「小銃是軍用槍」的定義，但這是錯誤的解釋。
※卡賓槍：現代的美軍把槍管長度短於22英寸（55.8公分）的步槍稱為卡賓槍。

基礎知識篇

手槍篇

步槍篇

衝鋒槍篇

機槍篇

狙擊步槍篇

霰彈槍篇

彈藥篇

在日本也可以用的實槍篇

◇「步槍」＝「小銃」≒「步兵銃（步兵使用的軍用槍）」

◉原本意指槍管內刻出來的溝槽＝膛線的「Rifle」，不知不覺間成為了「刻有膛線，槍管長的槍」的代名詞。（膛線改以「Rifling」來稱呼）

◉「小銃」是和「大銃」相對的詞彙，雖然現在大銃已經不復存在了，但小銃仍作為步槍的日文漢字翻譯在使用著。

◉但「小銃」是小火器的意思，並不是指軍用槍。（狩獵用步槍也可以稱為「狩獵用小銃」）

◇軍用小銃有2種類型

◉軍用小銃可分為「步兵銃（步槍）」和「騎兵銃（卡賓槍）」2種。

◉卡賓槍是為了方便在馬上使用，所以做得比步槍短的槍。

◉現代的軍隊中已經沒有騎兵（騎在馬上作戰的士兵）。

◉現代一般步兵使用的步槍，長度和以前騎兵使用的卡賓槍差不多。

◉但現代還是有稱為卡賓槍的槍種。比一般步兵使用的步槍更短的槍被稱為卡賓槍。

◇二次世界大戰使用的槍

◉直到第二次世界大戰為止，步兵槍都是栓式槍機。只有美軍是例外，連一般步兵都使用半自動步槍。

◉在第二次世界大戰中德國研發的「突擊槍」，在戰後成為軍用步槍的世界標準，被稱為「突擊步槍」。

◉在以小口徑發射短彈殼的高速子彈的突擊步槍普及化的現代，口徑在7.62×51mm以上，可以全自動射擊步槍被稱為「戰鬥步槍（Battle Rifle）」

◉因此本章中以「Battle Rifle／Assault Rifle」為副標題。

優於長距離射擊的
38式步兵銃

美國和德國給人「槍械大國」的印象，
但日本似乎沒有給人「做出性能很好的槍」的感覺。
其實沒這回事，
日本也製作過（以當時而言）很優秀的步槍。

◆日本也曾有過優秀的步兵用步槍

時間是20世紀初。當時還沒有戰車或飛機，大炮必需用馬來拉，機動性很差。當時的陸戰主力是步兵所持的步槍。步兵隊在1,000或2,000公尺遠處排成橫列、進行槍戰，是很普通的戰術。當然距離那麼遠的話，不可能準確地命中目標，所以是採取在敵人上方製造彈雨的方式來壓制對方。也因此當時步兵使用的是可飛行2,000公尺遠後還具有殺傷力的強力彈藥。當時歐美使用的步兵用步槍是口徑7.5～8mm，以3公克多的火藥來擊發10公克前後的彈頭，初速約800公尺／秒。後座力之強會在肩上留下瘀傷。

但日本陸軍在日俄戰爭後所採用的38式步兵銃，是口徑6.5mm，以2.3公克的火藥發射9公克重的彈頭，初速750公尺／秒的步槍。因此後座力較低，容易射擊。

和其他國家的步兵步槍相比，38式的火藥量只有2／3左右。感覺起來威力似乎不太足夠，但因為彈頭形狀細長，因此空氣阻力小，就算長距離射擊，速度也不會降低。彈頭抵達1,000公尺遠後，威力便能和其他國家的子彈不相上下，有充分的殺傷力。而且因為使用的38式子彈很輕，所以可以有效率地攜帶更多彈藥。這款在長距離射擊方面很優秀的38式步兵銃，被使用到第二次世界大戰結束為止。

※日俄戰爭：1904年（明治37年）2月～1905年（明治35年）9月。

基礎知識篇

手槍篇

步槍篇

衝鋒槍篇

機槍篇

狙擊步槍篇

霰彈槍篇

彈藥篇

在日本也可以用的實槍篇

38式步兵銃

38式步兵銃
口徑：6.5mm（38式子彈）
槍管長：797mm
全長：1,276mm
重量：3.7公斤
裝彈數：5發

◎射擊報告

　　這把38式步兵銃很適合體形和過去的日本兵沒差多少的筆者使用，不愧是過去的國產槍。但長度略嫌太長，短一點的騎兵銃用起來反而剛剛好。用來獵鹿的話算不錯的步槍。後座力對初學者來說也不會太強，是很好射擊的槍。

　　但有一點不滿意的地方是，毛瑟98或是現代的狩獵用步槍，都是在立起槍栓時壓縮復進簧，但舊日本軍用的步槍則是在槍栓前進時壓縮復進簧。向後拉時壓縮復進簧的毛瑟式在操作槍栓時，動作會比較流暢。

基礎知識篇

手槍篇

步槍篇

衝鋒槍篇

機槍篇

狙擊步槍篇

霰彈槍篇

彈藥篇

在日本也可以用的實槍篇

美軍曾作為裝備的
M1步槍

第一次世界大戰時登場的機槍，
讓戰爭模式有了大的變化。
人們見證到了使用至今的栓式步槍的性能極限，
但步兵用步槍的自動化卻難有進展……

◆世界第一把成為主力的軍用半自動步槍

直到第一次世界大戰時為止，步兵部隊都是在數百至1,000公尺遠處排成橫排來射擊。但這樣排列的步兵，被機槍掃射的話就會全部倒下。如果照過去的方式讓步兵攻擊有設置機槍的陣地，那陣地周圍會出現小山般的死者吧。

因此軍隊改用夜襲或挖壕溝的方式來接近陣地，再進行近身戰或亂鬥。但這樣一來，比起從遠距離射擊的槍，士兵的需求會變成方便在近距離使用而且射速高的槍

因此各國開始研發自動步槍，但自動化會讓槍的構造複雜化（＝容易故障），而且會浪費子彈（＝有許多不必要的射擊），還有成本問題（＝造價較高）等等，所以自動化步槍的研發一直沒什麼進展。

直到第二次世界大戰開始，即使是被稱為列強的國家，想要大量生產自動步槍、全面更新陸軍的裝備，也是很困難的。能辦到這點的只有美國而已。

這款美軍的半自動步槍「M1步槍」，因為設計者之名，也被稱為「M1加蘭德」或「加蘭德步槍」。

※加蘭德：約翰·加蘭德，是當時春田兵工廠的技師。

基礎知識篇

手槍篇

步槍篇

衝鋒槍篇

機槍篇

狙擊步槍篇

霰彈槍篇

彈藥篇

在日本也可以用的真槍篇

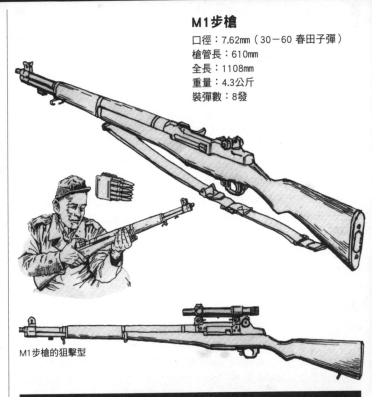

M1步槍
口徑：7.62mm（30－60 春田子彈）
槍管長：610mm
全長：1108mm
重量：4.3公斤
裝彈數：8發

M1步槍的狙擊型

◎射擊報告

　　美軍在採用M1步槍前使用的M1903春田步槍，是日本人使用也不會覺得哪裡不對的小型步槍，M1步槍則是很大塊頭的槍。但M1步槍和槍身雖小但強力，後座力強到會在肩上留下瘀血的M1903春田步槍不同，因為很沉重，所以後座力被緩和下來，因此肩部不會感到疼痛。雖然這麼說，後座力還是很大，發射一發子彈後上半身就會搖晃。

　　把裝有子彈的彈夾從上方裝填進槍身後，槍栓會自動前進。一不小心指頭就會被夾到，因此裝填時要小心。

像玩具般輕的
M1卡賓槍

美軍採用了M1為制式步槍，
但也為步兵以外的士兵研發小型輕量的半自動步槍。
使用的子彈性能介於手槍子彈和步槍子彈之間，
是特殊尺寸的子彈。

◆PDW(Personal Defence Weapon，個人防衛武器)的始祖‧M1卡賓槍

　　M1步槍是可靠度高的優秀步槍，但和之前美軍作為制式的M1903春田步槍比起來，太過巨大沉重。對主要任務是用步槍戰鬥的步兵來說是沒什麼問題，但對工兵或通信兵等除了槍之外還需要搬運其他沉重器材的士兵來說，M1步槍的負擔太大。因此美軍為了這些支援兵種的士兵研發出了小型又重量輕的步槍，經過數次試作後，在1941年把M1卡賓槍採用為制式。

　　這款M1卡賓槍在製造當時是使用15發容量的拆卸式彈匣的半自動步槍。重2.5公斤，長90公分。小型到會讓人以為是小孩子用的玩具。口徑是0.3英吋（7.62mm），和M1步槍相同，但是以0.83公克的火藥發射7公克的彈頭，初速是600公尺／秒。是威力只有M1步槍用的30－60子彈的1／4的小型子彈。射擊時發出的聲音也和M1步槍不同，M1步槍是會連地面都為之震動般的聲響，但M1卡賓槍只有「砰」的一聲。後座力也不像M1步槍會讓上半身搖晃，而是小力推肩膀般的感覺。

　　只要在M1卡賓槍追加上一些零件，就可以改造成全自動射擊模式。30發容量彈匣的M2卡賓槍，在第二次世界大戰末期的1944年成為制式。

基礎知識篇

手槍篇

步槍篇

衝鋒槍篇

機槍篇

狙擊步槍篇

霰彈槍篇

彈藥篇

在日本也可以用的賣槍篇

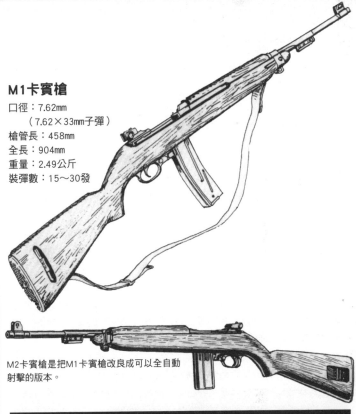

M1卡賓槍

口徑：7.62mm
　　（7.62×33mm子彈）
槍管長：458mm
全長：904mm
重量：2.49公斤
裝彈數：15～30發

M2卡賓槍是把M1卡賓槍改良成可以全自動
射擊的版本。

◎射擊報告

　　如果要筆者「挑一把第二次世界大戰時使用的步槍去戰場」的話，筆者會選擇從M1卡賓槍改造而成，能全自動射擊的M2卡賓槍。別說是第二次世界大戰，連在現代的戰場上使用，也不會有很大的不利之處。雖然子彈的威力比AK47來得弱，但還是有手槍的357麥格農子彈的威力，在近距離攻擊敵兵也很足夠了。

　　而且採用半自動射擊的話命中精度比AK47高，全自動射擊時也很好控制。

基礎知識篇

手槍篇

步槍篇

衝鋒槍篇

機槍篇

狙擊步槍篇

霰彈槍篇

彈藥篇

在日本也可以用的實彈槍篇

突擊步槍的始祖
StG44

從第二次世界大戰起到現在，
步兵用步槍的世界標準變成「突擊步槍」。
但其研發的基本概念，
是來自第二次世界大戰的戰敗國德國的產品。

◆Sturmgewehr（突擊槍）的誕生

第二次世界大戰時，除了美國外，德國和俄國也研發出自動步槍送到前線使用。但這些自動步槍使用的是和過去的栓式步槍同樣規格的子彈。從補給面來看算是合理的想法，但會需要自動步槍，是因為必需在近距離做流動式的戰鬥。既然如此，使用飛行2,000公尺遠後還能保有殺傷力的強力子彈是有必要的嗎？改成使用小型一點的子彈，不但能讓後座力變小，也能提高射速，不是比較好嗎？

這麼想的德軍，研發出了使用口徑和栓式步槍毛瑟98同樣是8mm，但長度只有一半的小型子彈（短槍彈）。如此一來，過去只能裝填5發子彈的步兵用步槍彈匣變成了可裝入30發子彈的彈匣。而且除了可以一發一發地射擊的半自動模式之外，也能以全自動模式掃射。

德軍把這款槍稱為「突擊槍（Sturmgewehr）」。但被採用為制式是在1944年，在它發揮出真正的實力前戰爭就已經結束了。

但因為這款槍的研發概念非常優秀，所以第二次世界大戰之後世界各國所研發的步槍，都幾乎採用這種突擊步槍的形式。

※StG44是在1944年12月，從MP44改名而來。原型是Mk b42（H），經過改良後以Mk b43、MP43之名來生產。這是為了違反希特勒的停產命令，偷偷製造的原故。「突擊槍」的名字是由希特勒所取，意圖以此來提高戰意。

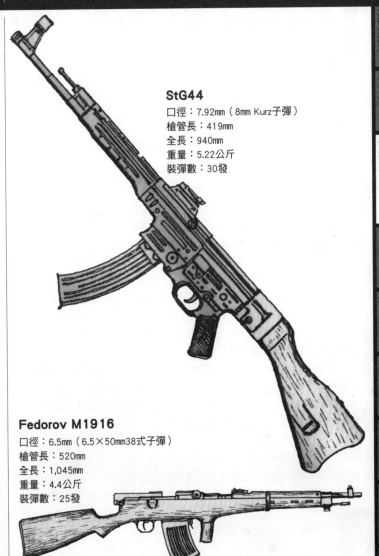

StG44
口徑：7.92mm（8mm Kurz子彈）
槍管長：419mm
全長：940mm
重量：5.22公斤
裝彈數：30發

Fedorov M1916
口徑：6.5mm（6.5×50mm38式子彈）
槍管長：520mm
全長：1,045mm
重量：4.4公斤
裝彈數：25發

基礎知識篇

手槍篇

步槍篇

衝鋒槍篇

機槍篇

狙擊步槍篇

霰彈槍篇

彈藥篇

在日本也可以用的實槍篇

雖然突擊步槍的始祖是StG44，但也有派看法是俄國製的Fedorov才是始祖。Fedorov使用的是和日本38式步槍同樣的6.5mm子彈，因此後座力應該很輕。但在當時太過嶄新，因此在1925年就停止生產了。

突擊步槍的銷售冠軍
AK47

說到AK47，就像火箭推進榴彈發射器的RPG7一樣，
常在電影中被描述成「恐怖分子使用的武器」。
其實這是有理由的。
因為在世界上的紛爭地區，最受歡迎的武器就是AK47。

◆受到德國StG44影響的AK47

　　日俄戰爭時俄軍使用的7.62×54R子彈，是以3.24公克的火藥發射9.59公克的彈頭，初速810公尺／秒的子彈。但在第二次世界大戰中與德國研發出來的突擊步槍作戰的俄國認為「今後是這種槍的時代」，因此研發出了使用7.62×39mm以1.62公克火藥發射7.91公克彈頭，初速710公尺／秒的子彈的AK47突擊步槍。

　　本槍的研發者是卡拉什尼科夫，AK47及之後的改良型全都被稱為「卡拉什尼科夫步槍」。AK是「Автомат Калашникова（卡拉什尼科夫的自動步槍）」的縮寫。

◆小型的「大規模殺傷性武器」

　　AK47並不是是命中精度良好的槍（不過還是能在100公尺的距離把彈痕集中在直徑20公分之內）。但從極冷的北極到非洲的沙漠，東南亞的雨林地帶等等，不管在什麼環境中，就算沒怎麼保養，或是泡過泥水，動作都還是順暢無礙的耐操好用步槍。

　　之後除了俄國之外，冷戰時代受其影響的東歐及中國都有授權生產AK47。因為構造單純，所以中東和非洲也有許多仿製品。AK47的生產量並沒有明確的數字，但如果加上拷貝版的話，有一說是總數應該超過4億挺。AK47也被游擊隊和恐怖分子作為武器，因此被稱為史上殺人數字最高的武器。以壓鑄成型法來量產並輕量化的改良版本是AKM；把口徑從7.62mm縮小為5.45mm的則是AK74。

※卡拉什尼科夫：米哈伊爾·卡拉什尼科夫。在第二次世界大戰時以戰車兵身分參戰。

AK47

口徑：7.62mm（7.62×39mm俄羅斯短子彈）
槍管長：415mm
全長：870mm
重量：3.8公斤
裝彈數：30發

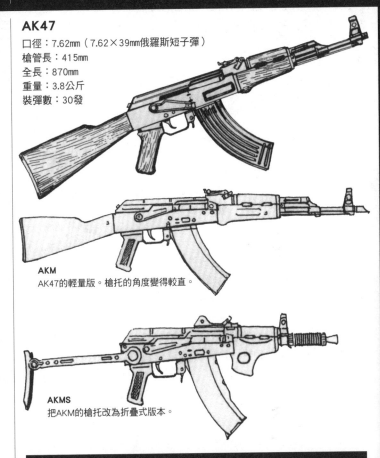

AKM
AK47的輕量版。槍托的角度變得較直。

AKMS
把AKM的槍托改為折疊式版本。

◎射擊報告

　　AK的保險裝置在安全的位置時，槍機拉柄會無法動作。自衛隊有把槍設定在安全模式下裝填彈藥的風氣，因此有待過自衛隊的人使用起來可能會不太習慣吧。AK47使用的是比64式小銃更弱的子彈，但射擊時後座力和64式差不多，而且比64式更加會彈動。

　　在站立狀態以全自動來射擊AK47時，必需很用力才能控制，但也沒有到無法控制的程度。命中精度雖然很差，但槍本身的狀況卻很好，至今為止還沒看過AK卡彈的事。

不上不下(?)的
SKS卡賓槍

第二次世界大戰以後，
在蘇聯軍的主力步兵用步槍AK47的光芒的陰影處，
有被蘇聯軍採用為制式，但已經落伍的SKS。
從蘇聯軍的裝備中被剔除的SKS，在中國展開了另一片天空，但……

基礎知識篇

手槍篇

步槍篇

衝鋒槍篇

機槍篇

狙擊步槍篇

霰彈槍篇

彈藥篇

在日本也可以用的賓槍篇

◆在採用當時就已經落伍的槍

當蘇聯的卡拉什尼科夫在研發突擊步槍時，名為西蒙諾夫的技師也研發出了使用7.62×39子彈，但說不上是突擊步槍，而是和過去的步槍同類型的步兵用步槍。這款槍就是SKS卡賓槍，在1946年被採用。SKS是半自動步槍，彈匣不是拆卸式，而是在填彈條上裝上10發子彈，從上方壓入的裝填方式。

為什會採用這種舊式的槍是很不可思議的，也許是因為對第二次世界大戰結束後疲弊的蘇聯軍來說，讓軍隊全體裝備突擊步槍太過奢侈的原故。就算隔年AK47被採用為制式，但有段時間的方針是只有讓空降部隊等部分的部隊使用，一般步槍則是拿SKS。不過和使用同口徑彈藥但夠全自動射擊的AK47相比，蘇聯認為「SKS果然還是太舊型了」，所以變更方針，讓軍隊全體裝備AK47，因此SKS只在短暫的時間內被使用過。

◆SKS的第二春

蘇聯把不需要的SKS提供給中國，並且在中國出現了大量的拷貝生產，所以比起在蘇連，SKS作為中國軍的步槍更是普及。因為工業實力的問題，所以讓全部的中國軍使用AK47，才真的是很奢侈的事，而且以半自動一發一發地射擊的話，SKS的命中精度比AK47好，也是普及的理由吧。

但在中國，進入1980年代以後，也參考AK47自行設計出了81式步槍。在20世紀末，SKS的身影從前線部隊消失。

※西蒙諾夫：Sergei Gavrilovich Simonov。

基礎知識篇

手槍篇

步槍篇

衝鋒槍篇

機槍篇

狙擊步槍篇

霰彈槍篇

彈藥篇

在日本也可以使用的實槍篇

SKS卡賓槍

口徑：7.62mm（7.62×39mm俄羅斯短子彈）
槍管長：521mm
全長：1,021mm
重量：3.85公斤
裝彈數：10發

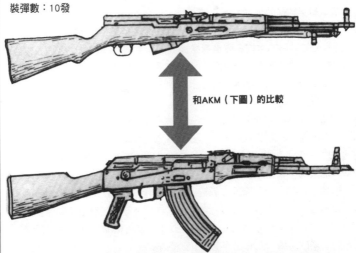

和AKM（下圖）的比較

◎射擊報告

從SKS的外觀和使用的彈藥看來，原本以為它的後座力會比M1卡賓槍多5成左右。但實際射擊時卻有重擊般強烈的後座力，感覺起來是M1卡賓槍或M16的3倍之多。

不過後座力沒有強烈到像M1步槍般會讓上半身晃動，如果是初學者的話，只要正確地持槍的話就不會有問題了。準確度比AK47好。

從一開始就落伍的 M14

蘇聯軍有SKS卡賓的失敗例子，
但在第二次世界大戰後成為西方諸國的領導者的美國，
也在採用制式步槍一事上犯了很大的失誤。
失敗的原因與其說是槍枝本身，不如說使用的彈藥才是主因。

◆戰後美軍的亂鬧？

在第二次世界大戰後，歐洲諸國認為「今後是突擊步槍的時代了」，因此NATO共通的步槍子彈也考慮換成適合突擊步槍的小型子彈。但美國卻堅持要使用和至今為止差不多，必要以上的強力步兵用步槍子彈。最後因為美國的強行推動，所以7.62×51mm（308溫徹斯特子彈）成為NATO共通的彈藥。

1975年，美國把使用這種7.62mmNATO子彈的 M14步槍制式化。

M14步槍基本上是M1步槍的改良型，不過M1步槍是以8發裝的填彈條從機匣上面壓入；但M14改成以裝在槍身下方的20發容量盒型彈匣來填彈，而且也可以全自動射擊。

但以全自動來發射和過去的栓式槍機步槍同樣強力的308子彈的話，不管再怎麼身強力壯的美國大兵都會被槍帶著轉動，無法控制住步槍。因此只好一發一發地射擊。在蘇聯把AK47制式化的10年後才採用這麼舊式步槍的美國，說實在的也好不到哪裡去。

越戰時，和AK47及SKS交手之後，美國終於醒悟到M14是失敗之作，因此改投入使用小口徑高速子彈的M16步槍。

※NATO：北大西洋公約組織。1949年依北大西洋公約結合成的軍事同盟，企圖統一參加國的裝備。

※越戰：1959年～1975年。關於南北越統一的戰爭。

左側邊欄：
基礎知識篇
手槍篇
步槍篇
衝鋒槍篇
機槍篇
狙擊步槍篇
霰彈槍篇
彈藥篇
在日本也可以用的寶槍篇

基礎知識篇

手槍篇

步槍篇

衝鋒槍篇

機槍篇

狙擊步槍篇

霰彈槍篇

彈藥篇

在日本也可以用的實槍篇

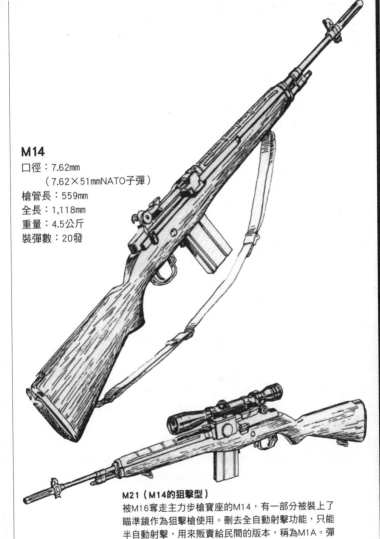

M14

口徑：7.62mm
　　　（7.62×51mmNATO子彈）
槍管長：559mm
全長：1,118mm
重量：4.5公斤
裝彈數：20發

M21（M14的狙擊型）

被M16奪走主力步槍寶座的M14，有一部分被裝上了
瞄準鏡作為狙擊槍使用。刪去全自動射擊功能，只能
半自動射擊，用來販賣給民間的版本，稱為M1A。彈
匣容量5發的M1A，在日本也有獵人使用。

基礎知識篇

手槍篇

步槍篇

衝鋒槍篇

機槍篇

狙擊步槍篇

霰彈槍篇

彈藥篇

在日本也可以用的實槍篇

M16突擊步槍
的登場

說到M16步槍，在日本是因為『哥爾哥13』的主角愛用這把槍而知名。
原本這把槍並不適合作為狙擊槍來使用的，
但在漫畫創作的當時，也許是把這點當作M16的未來姿態吧？
而M16的真正模樣又是如何呢？

◆因越戰的教訓而誕生的M16

在越南的雨林中和SKS及AK47交手的美軍，終於認識到使用小型輕量子彈的步槍才有利的這件事，因此把M16步槍送到越南的戰場上。M16使用的是5.56口徑的小型子彈，但初速可達990公尺／秒。

蘇聯的7.62mm AK47突擊步槍的子彈口徑和過去步兵使用的步槍相同，都是7.62mm，不過彈殼較短，火藥量較少。像這樣直徑大重量卻輕的彈頭，會因空氣阻力而使速度大為降低，呈大拋物線飛行。因此會因為目測距離而使著彈點有偏移到上下方的誤差。

雖然世人常說美軍把物資當成開水般地在使用，所以彈藥用起來也很浪費，但那只是因為美國在實力上可以這麼做，其實美軍是很討厭命中精度差的步槍的。他們追求的是小型輕量、就算全自動射擊也容易控制，而且每發子彈的命中精度都很高的子彈。

想在全自動射擊時也很容易控制，後座力就要小。想讓後座力小的話，彈頭就要輕。但是為了保持射程和命中精度，所以彈頭除了輕之外，口徑也要小，才能減少空氣阻力─因此誕生了5.56mm口徑，以1.62公克的火藥發射3.56公克輕彈頭的M16。雖然輕又口徑小，但秒速超過900公尺的高速彈的破壞力，不會輸給大口徑的子彈。

M16突擊步槍的5.56mm子彈，用的火藥量有M1卡賓槍子彈的2倍之多，但後座力卻和M1卡賓槍差不多，只有AK47的1／3左右，是很容易射擊的槍。裝備了這款M16的美軍應該可以壓倒AK，但……。

基礎知識篇

手槍篇

步槍篇

衝鋒槍篇

機槍篇

狙擊步槍篇

霰彈槍篇

彈藥篇

在日本也可以用的實槍篇

M16

口徑：5.56mm
　　（223雷明登子彈）
槍管長：580mm
全長：999mm
重量：3.5公斤
裝彈數：20／30發

AR15（Arma Lite製）

M16（M601）

M16（M602）

◎射擊報告

　　M16在機匣正後方有槍機拉柄，向後拉後子彈就會被送入膛室之中。這和其他栓式槍機比起來，操作性很差，因為在持槍時無法填彈。

　　保險裝置在握柄的左上方，可以在握住握柄的情況下以姆指操作。但全自動模式的位置不容易轉到，要轉到全自動模式的話比自衛隊的89式小銃還需花時間。

　　扳機的流暢度不如瑞士的SG550，但也在合格範圍。射擊時的後座力很輕，就算全自動射擊，後座力也不會讓槍口上揚讓子彈射到空中，只要小心一點就可以穩定地控制。

M16突擊步槍是缺陷槍!?

成為現代突擊步槍代名詞的M16，
從被採用為制式以來，
歷經許多的改良與錯誤嘗試，
是很有名的事。但這其實有很多的理由……

◆元凶是特殊的運作方式？

M16的運作方式是氣動操作。但這款槍並沒有活塞，從槍管的洞口中流出的發射氣體會經過導氣管直接到達機匣，吹動槍栓連動座來進行解鎖與填彈。這種方式被稱為直噴式氣動操作。

這種方式不需要活塞，槍的重量可以因此輕一點，也可以減少後座力，增加命中精度。但缺點是發射氣體直接吹到機匣中，殘渣會弄髒機匣。

而且M16的待發桿並不是凸出在機匣旁邊，而是在機匣的正後方以手指來拉。在填彈不順時，大部分的步槍是以手用力壓或拉待發桿來使動作流暢，但M16的待發桿不能壓，也沒辦法用力拉。所以在越戰早期，M16常常故障，被說成是缺陷槍。

在越戰中出現故障的原因，是為了清掉庫存，把不適合M16用的子彈給M16用的原故。之後進行改良，把火藥的種類改成適合M16使用，並加上了可以改善無法用手壓待發桿問題的復進助退器，成為M16A1。但就算如此M16還是一種對處裡卡彈問題不佳的機制。

經過重重改良的M16系列，現在似乎已經不會出現重大的問題了。但幾乎沒有國家跟隨美國的腳步製造和M16同樣機制的突擊步槍。

基礎知識篇

手槍篇

步槍篇

衝鋒槍篇

機槍篇

狙擊步槍篇

霰彈槍篇

彈藥篇

在日本也可以用的實槍篇

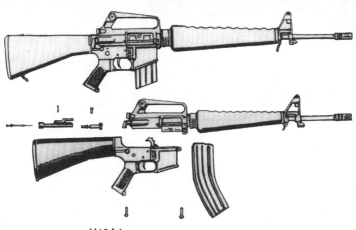

M16A1
追加了可以強行閉鎖的復進助推器
（Forward Assist）的版本。

M16A2
廢止了全自動射擊模式，改成3發點
放。

M4卡賓槍
和M1～M3卡賓槍完全無關，是把
M16A2的全長縮短成卡賓槍的版本。

基礎知識篇

手槍篇

步槍篇

衝鋒槍篇

機槍篇

狙擊步槍篇

霰彈槍篇

彈藥篇

在日本也可以用的實槍篇

戰後首次出現的日本製步槍
64式小銃

1950年韓戰爆發時，日本成立了警察預備隊，
警察預備隊在1954年改組成為自衛隊。
10年後被採用為制式的戰後第一把日本製步槍，就是64式小銃。
從第二次世界大戰後就沒經歷過戰爭的日本所造出來的槍是如何呢？

◆日本國產槍的實力

在成立當初的自衛隊，用的裝備是美軍提供的中古武器。研發出國產的自動步槍，採用為64式小銃則是1964年的事。但這款槍的評價很差。

保險裝置在機匣的右側，必需先放開握柄才能操作。必需像手錶的錶冠一樣，先拉出來再轉動，否則就不會動作。

準星、照門是起倒式，使用前需先立起，但沒辦法固定在立起的狀態下，所以在行動中如果碰到草木等時就會倒回去。

遇到敵人時先把保險裝置拉開、旋轉，再立起準星和照門……在做完這些事前就會先被敵人打倒了。

扳機很沉重，扣下扳機後到子彈發射為止會慢一瞬。

當時防衛廳對這款槍的宣傳是「世界上命中精度最高的優秀國產步槍」，但命中精度其實不怎麼樣，只比AK47好而已。

筆者在自衛隊中時也覺得「這把槍是在搞什麼鬼啊！」感覺起來這款64式小銃是因為第二次世界大戰中，美軍登陸時所帶來的創傷過深，為了迎擊上岸的敵軍而製作的槍。作為突擊步槍來說是很差的成品，但如果當成陣地防禦專用槍。把用法變化成藏身在小型的壕溝中，立起腳架，當作輕機槍一樣，達達達……地重覆進行短連射的方式的話也許就沒有那麼差的感覺。

※自衛隊的成立：1950年成立了警察預備隊，之後改組成為保安隊，在1954年7月1日轉成自衛隊。

基礎知識篇

手槍篇

步槍篇

衝鋒槍篇

機槍篇

狙擊步槍篇

霰彈槍篇

彈藥篇

在日本也可以用的實槍篇

64式小銃

口徑：7.62mm
　　　（7.62×51mm）
槍管長：450mm
全長：990mm
重量：4.3公斤
裝彈數：20發

◎射擊報告

　　因為日本使用的彈藥和美軍相同，所以日本的64式小銃的口徑也是7.62mm。但如果使用308溫徹斯特這樣強力的子彈來全自動射擊的話會無法控制方向，因此日本使用的是保留彈殼的樣子，但把火藥量從3.05公克改成2.7公克的減裝彈。另外也在擊錘的機構上下工夫，讓發射速度變慢，以勉強控制住全自動射擊。

　　但這樣的設計會讓人覺得，這是對槍完全不懂的人才會想出來的設計。

基礎知識篇

手槍篇

步槍篇

衝鋒槍篇

機槍篇

狙擊步槍篇

霰彈槍篇

彈藥篇

在日本也可以用的青槍篇

小口徑化的
AK74

在東西冷戰得正炙熱時，
蘇聯研發出了使用小口徑高速彈的新型突擊步槍。
這情報被流傳到西方國家中，把槍取名為「AK74」。
因為蘇聯的秘密主義而環繞著謎點的AK74，實力究竟如何？

◆受M16影響的AK74

見識到使用小口徑高速子彈的美國M16之後，換成俄國也開始覺得「我們今後必需使用這種小口徑高速子彈才行」，因此研發出了5.45mm口徑的AK74。

因為口徑小，所以AK74的後座力和M16差不多，是很容易射擊的步槍。同時也提高了命中精度，在惡劣的環境中比M16可靠。

AK74的外觀和機制和7.62mm的AK47很相似，事實上有一半的零件是從AK47轉用過來的。為了和AK47及改良版的AKM做區別，AK74的彈匣不是鐵製，而是橙色的塑膠製品。槍口設有槍口制退器。

AK74首次投入實戰中，是在入侵阿富汗時。當時俄國還是蘇聯，一切都是秘密主義，連槍管的口徑是5.45mm一事都沒有公佈。塑膠製彈匣的新型AK使用的是小口徑高速子彈一事，是潛入阿富汗的記者在1980年才第一次揭露的。

◆殺傷力非常強的子彈

這款槍使用的5.45mm子彈，初速低於西方的5.56mm子彈，不過口徑雖小，卻可以給敵人帶來很大的傷害。彈頭前端是中空的，在命中人體時，前端會凹折，彈頭會變形而造成很大的傷害。或者是雖然沒變形，但細長的彈頭在命中之後會向旁倒下迴轉，像是快倒下的陀螺般在身體裡面轉滾後再貫穿出去。

※入侵阿富汗：1979～1989年。蘇聯與阿富汗間的戰爭。
※槍口制退器：射擊時抑止槍口上揚的裝備。

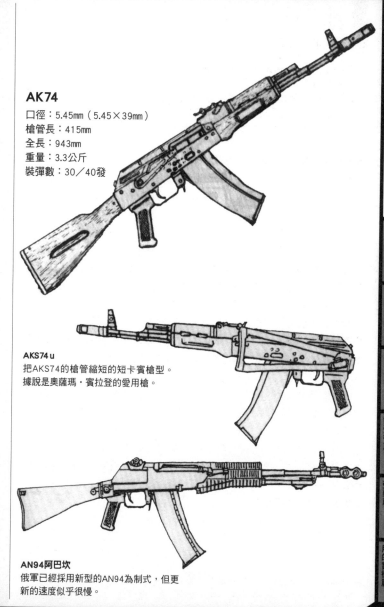

AK74

口徑：5.45mm（5.45×39mm）
槍管長：415mm
全長：943mm
重量：3.3公斤
裝彈數：30／40發

AKS74u
把AKS74的槍管縮短的短卡賓槍型。
據說是奧薩瑪·賓拉登的愛用槍。

AN94阿巴坎
俄軍已經採用新型的AN94為制式，但更
新的速度似乎很慢。

基礎知識篇

手槍篇

步槍篇

衝鋒槍篇

機槍篇

狙擊步槍篇

霰彈槍篇

彈藥篇

在日本也可以用的實槍篇

基礎知識篇

手槍篇

步槍篇

衝鋒槍篇

機槍篇

狙擊步槍篇

霰彈槍篇

彈藥篇

在日本也可以用的獵槍篇

犢牛頭犬式的
斯泰爾AUG

看右圖的話就知道，
斯泰爾AUG的外形和至今為止的步槍相差很大。
這種形式的槍稱為犢牛頭犬式，
會做成這種形式是有理由的。

◆像是科幻電影中才會出現的造形

　　1960年代出現的M16，外形顛覆了當時為止的槍械常識。但奧地利的斯泰爾公司在1977年推出的5.56mm步槍AUG，外形更像科幻世界的產物。

　　這款槍的彈匣在握柄後方，機匣在槍托內部。持槍時臉頰下方的部分有擊錘等零件在動作。這種形式的槍稱為「犢牛頭犬式」。採用這種方式的話，就可以在不縮短槍管的情況下（＝射程和威力不會減弱）來縮短槍身全長。這種想法在斯泰爾公司之前便已經存在，但最早把它實用化的是斯泰爾公司。

　　既有的步槍，在扳機前方10公分左右之處會有槍栓活動；但犢牛頭犬式的槍栓則是在臉頰下方活動。因槍栓的活動位置，所以槍的晃動相當小，就算全自動射擊，穩定度還是非常高。這才可說是突擊步槍的極致。

　　因為斯泰爾AUG的刺激，法國、英國、中國等國家也開始製造犢牛頭犬式的突擊步槍。但就筆者所見，參考AUG而研發的這些後生晚輩，都不比始祖的AUG來得優秀。

※犢牛頭犬式：Bull Dog，有「牛頭犬的小孩」之意，也有「小型又充滿力量」的意思。

□ 斯泰爾AUG

基礎知識篇

手槍篇

步槍篇

衝鋒槍篇

機槍篇

狙擊步槍篇

霰彈槍篇

彈藥篇

在日本也可以用的實槍篇

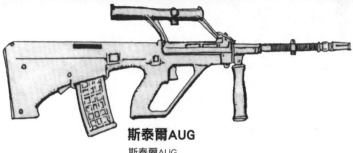

斯泰爾AUG

斯泰爾AUG
口徑：5.56mm（5.56mmNATO子彈）
槍管長：508mm
全長：790mm
重量：3.6公斤
裝彈數：30／42發

◎射擊報告

斯泰爾AUG的保險按鈕在握柄的上方，扣下扳機前要先按下這個按鈕才能發射。不過沒有切換半自動與全自動模式的按鈕。扣下扳機時是半自動模式，把扳機扣到底則會變成全自動模式。但實際射擊時，第二段深扣的部分，扳機異常牢固，牢固到會懷疑是不是故障了的程度。雖然扳機不是很好使用，但在其他部分則是沒有可以挑剔之處的好槍。

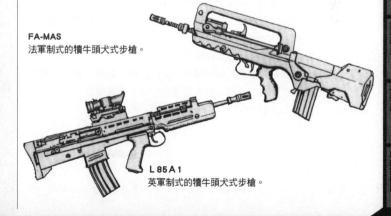

FA-MAS
法軍制式的犢牛頭犬式步槍。

L 85 A 1
英軍制式的犢牛頭犬式步槍。

基礎知識篇

手槍篇

步槍篇

衝鋒槍篇

機槍篇

狙擊步槍篇

霰彈槍篇

彈藥篇

在日本也可以用的實槍篇

傳統但
精密度很高的SG550

犀牛頭犬式的構造對世間帶來很大的衝擊，
也出現了許多模仿這種形式的槍。
但並非自此之後的突擊步槍全部採用犀牛頭犬式構造。
被瑞士採用的SG550，就是很常見的步槍形式，但……

◆和30年前製造的槍沒有太大差異？

　　瑞士並非美國的同盟國。從很久以前起，瑞士的國家綱領就是「中立、不與任何國家締結軍事同盟」。依照瑞士的傳統，連步槍彈藥都是特別的規格。但這樣的瑞士在20世紀末，也採用了使用5.56mm子彈的步槍。但瑞士的5.56mm彈藥為了提高遠距離射擊時的性能，所以彈頭比一般稍重。

　　瑞士在1990年─世界上許多國家早已採用5.56mm口徑步槍的多年之後，才把5.56mm口徑的步槍制式化。若要問說這款新制定的5.56mm步槍有什麼突破傳統的斬新之處，可說是完全沒有。這是一把就算出現在30年前也不會讓人覺得奇怪的傳統步槍。但傳統可靠的設計，加上以精密工業聞名的瑞士的製造技術，因此其命中精度之高，還有扳機的流暢度是世界第一。

　　筆者在試射本槍時，由於射擊起來太順手了，因此在看到標靶後方的斜坡上有空的飲料罐時，便順手射擊飲料罐的下方，讓它飛到空中。等空罐落下，從斜波滾下來時，又再次放槍把它擊到空中，反覆地玩著這種遊戲。這種玩法是AK或64式沒辦法做到的。

　　SG550的重量是4.1公斤，就5.56mm步槍來說有點重，但因為槍身的平衡感做得很好，因此持槍時不會有那麼沉重的感覺。如果不喜歡太重的槍的話，也可以選擇SG551或其衍生型的SG556。要說這款槍有什麼缺點的話，就是價格非常昂貴這一點吧（是M4的4倍以上）。

基礎知識篇

手槍篇

步槍篇

衝鋒槍篇

機槍篇

狙擊步槍篇

霰彈槍篇

彈藥篇

在日本也可以用的實槍篇

SIG SG550

口徑：5.56mm（Gw Pat.90
5.6mm／5.56mmNATO子彈）

槍管長：528mm

全長：998mm

重量：4.05公斤

裝彈數：20／30發

瑞士軍方的制式名是StG90（突擊
槍90型）。除了全長短的SG551
SWAT、SG552 Commando、槍管長
的SG553－2之外，還有轉用SG550
機匣部分製作而成的狙擊步槍。

◎瑞士人與槍

　　瑞士是全民皆兵制。與其說是徵兵制，不如說是「國民同時也是保衛
國家的戰士」，因此20歲以上的男性全都必需接受軍事訓練。訓練結
束後，受訓者會把槍和子彈等裝備整套地帶回家保管，之後定期地參加
訓練。除了家家都有軍用槍之外，瑞士對槍械的管制也比美國更寬鬆，
但凶殺案的發生率只有美國的1／4，和槍械管制得如同日本般嚴格的英
國、差不多。因此「人們擁有槍所以容易發生殺人事件」這種論點也不
一定正確。

使用獨特的5.8mm子彈
中國95式步槍

因為增加軍事支出及擴大軍備而讓世人感不安的中國，
除了戰鬥機、導彈及核武之外，
也研發步兵用的突擊步槍。
擺脫俄國影響，自行研發的中國鬥牛頭犬式步槍。實力究竟如何？

◆中國軍所裝備的鬥牛頭犬式步槍

　　中國曾有很長一段時間，使用的是和俄國（蘇聯）規格相同的彈藥。但當俄國把步槍的口徑改變為5.45mm時，中國並沒有繼續跟隨俄國的腳步，而是研發他們獨有的5.8mm子彈及鬥牛頭犬式的95式步槍。這款95式步槍，是在香港回歸時，被進駐香港的中國軍裝備在身上，才首次被外國人發現它的存在。

　　說到鬥牛頭犬式步槍，最有名的是奧地利斯泰爾公司的AUG。事實上，筆者過去曾在中國北方工業公司的小火器研究機關裡見過斯泰爾AUG，因此他們應該是有參考AUG來研發95式步槍的。

　　不過實際上看到95式時，比起AUG，會覺得更像法國的FA－MAS。

◆比美、俄更強力的彈藥？

　　95式的5.8mm子彈是以1.8公克的火藥來發射4.15公克的彈頭，初速是920公尺／秒。

　　聽說這種彈藥在300公尺遠的距離可以穿透10mm的鋼板，在700公尺遠時可以穿透3.5mm的鋼板。但同樣的條件下，俄國的5.45mm子彈則無法穿透鋼板，美國的5.56mm子彈則只能穿透7成而已。

　　使用這種5.8mm子彈的還有95式班用機槍、88式狙擊槍、88式通用機槍、03式步槍等等。

※中國軍：中國人民解放軍，正確來說並不是國家的軍隊，而是中國共產黨的軍事部門。
※北方工業公司：North Industries Corporation，有時也被略稱為「Norinco」。

基礎知識篇

手槍篇

步槍篇

衝鋒槍篇

機槍篇

狙擊步槍篇

霰彈槍篇

彈藥篇

在日本也可以用的實槍篇

基礎知識篇

手槍篇

步槍篇

衝鋒槍篇

機槍篇

霰彈槍篇

彈藥篇

95式步槍

口徑：5.8mm（58×42mm子彈）
槍管長：463mm
全長：745mm
重量：3.25公斤
裝彈數：30發／75發（彈鼓）

◎射擊報告

　　試射中國軍的犟牛頭犬式步槍─95式步槍時，由於保險裝置位在槍托的後左方，相當接近肩膀的位置，而且形狀是以手指扳動的圓盤形，因此感覺起來，在寒冷的地方戴著防寒手套時可能會不太好操作。而且把托槍的左手縮到肩膀附近去操作保險裝置這點，也同樣有操作不便的感覺。

　　扳機的流暢度並不好，很像89式步槍。中國是徵兵制的國家，對於由外行人集結而成的部隊來說，這樣的步槍不知道算不算是符合他們等級的產品，但感覺起來不像職業軍人使用的槍。

　　原以為後座力會比M16再多5成，但實際射擊時有2倍之多。全自動射擊時意外地會像瘋馬一樣的亂跳。雖然這麼說，但因為使用的是5.8mm子彈，所以上揚的程度沒有AK2的7.62mm子彈那麼強烈。

日本的**89式小銃** 是什麼樣的槍？

戰後第一把日本國產的64式小銃，是一款有很多缺點的槍。
在64式誕生的25年之後，被自衛隊採用為制式的89式小銃，
是使用和美軍規格相同的5.56mm子彈的突擊步槍。
它的實力如何呢？

◆64式小銃的後繼槍─89式小銃的特色

在把步兵用步槍改為小口徑高速彈的世界潮流中，日本也不免俗地研發了使用5.56mm子彈的89式小銃。

在這之前的64式小銃，是評價很差的槍，但89式則是很不錯的步槍。如果筆者不得不前往戰場，而只能選擇使用M16（包含M4卡賓槍）、AK74或89式三者的其中之一，那麼筆者會選擇89式來使用。

89式的氣動操作方式是集AK和M16的優點而成：流入導氣孔中的發射氣體，會如同M16一樣被引入氣體缸管中，但在途中把短活塞向後推。因此後座力很小，而且可以減少槍機被發射氣體弄髒的程度，有容易保養的優點。

89式可以使用美軍的5.56mmNATO子彈。除了彈藥之外，也可以共用美軍的M16彈匣，所以在訓練時，很多自衛隊員會使用自行購買的M16彈匣（這樣有時可以減少一些麻煩）。

雖然89式不像M4卡賓槍一樣從一開始就設有可以追加各種附加裝備的導軌，但也可以加裝導軌，因此也有不少自衛隊員會自行購買導軌來加裝。

本槍的零件是以壓鑄成型法來製造，很適合大量生產……雖然理論上是如此，但現實中自衛隊不是發出大量訂單，而是每年少量訂製。因此適合量產的設計其實意義不大，變成了單價很高的步槍。近年來改成一次訂購大量步槍，但相對地有些年分則不下訂單生產。

除了自衛隊外，海上保安廳的特種部隊SST也會使用本槍。此外聽說警察的特種急襲部隊SAT也裝備有89式小銃。

基礎知識篇

手槍篇

步槍篇

衝鋒槍篇

機槍篇

狙擊步槍篇

霰彈槍篇

彈藥篇

在日本也可以用的實槍篇

89式小銃

口徑：5.56mm（5.56mmNATO子彈）
槍管長：420mm
全長：916mm
重量：3.5公斤
裝彈數：20發／30發

◎射擊報告

89式小銃的扳機並不流暢。如果是中國或俄國士兵使用的槍也就罷了，但這款步槍的扳機在拉動時的遲鈍感，實在不像是職業士兵用的槍，也因此命中精度不如M16。但如果讓專門人士以砥石精密研磨連接扳機與擊錘的擊錘阻鐵的話，應該可以成為比M16命中率好的槍。當然，就算什麼都沒改造，也還是一柄比AK的命中精度更好的槍（在100公尺遠的距離射擊時，可以集中在7公分的圓圈內）。此外，89式的動作可靠性大大勝過M16，後座力也比M16小，是一柄很好射擊的槍。

CHAPTER. 4

在大樓或住宅等
無法避免近身戰鬥的地點，
只用手槍的話會感到不安，
但步槍又太長不好使用……。
可以在這類狹窄、密閉的場所發揮出威力的就是
小型，但可以連續射擊的衝鋒槍。
被各國特種部隊採用為制式的「MP5」、
開拓出稱為PDW的新領域的「P90」……等等，
雖然小型但不能小看的這些「衝鋒槍」，
就讓我們來揭穿它們的秘密吧。

衝鋒槍篇
SUB MACHINGUN

基礎知識篇

手槍篇

步槍篇

衝鋒槍篇

機槍篇

狙擊步槍篇

霰彈槍篇

彈藥篇

在日本也可以用的實槍篇

從塹壕戰誕生的衝鋒槍

衝鋒槍（手提機槍）的定義是
「使用手槍子彈的機槍」。
在第一次世界大戰時機槍就已經存在了，
為什麼還需要製造威力和射程都比較差的衝鋒槍呢？

◆原型是德軍的Maschinenpistole

衝鋒槍這種槍是誕生自第一次世界大戰的塹壕戰中。因為傳統的步兵攻擊方式無法攻陷架有機槍的敵方陣地，因此只好採用夜襲或挖掘壕溝等的方式來接近敵軍，進行近身戰或亂鬥，好讓機槍無法發揮威力。

這樣一來，既有的栓式步槍就變得不實用了。沒有時間一次一次地操作槍栓發射子彈，而且在狹窄的塹壕中，步槍顯得太長，很難回轉。在連小刀或鏟子被也當作武器使用的塹壕戰戰場上，可以連射的手槍還比栓式步槍有用。但只要戰鬥距離一稍微拉長，手槍就很難命中目標。由於吃過這類的苦頭，因此德軍在魯格或毛瑟等自動手槍上加裝木製肩托來使用。把這樣的自動手槍加以發展改良成為短步槍的外形，發射大量手槍子彈的小型槍─衝鋒槍（德軍稱為「Maschinenpistole」）就此誕生了。

最早的衝鋒槍是德國的MP18，使用的是9mm魯格手槍子彈，裝在32發容量的彈鼓中使用。裝備MP18的德國機槍部隊「Stormtrooper突擊部隊」，具有過去的步兵隊所比不上的火力。

但在第一次世界大戰結束後，戰敗國的德國被凡爾賽條約所束縛，被禁止持有衝鋒槍。

※第一次世界大戰：1914年7月～1918年11月。主要戰場在歐洲，但因為有許多國家參戰，算是世界規模的大戰爭。

※Maschinenpistole：意思是機關手槍，美國稱為「Submachingun」，英國則稱為「Machine Carbine」。

伯格曼MP18

口徑：9mm（9mm魯格子彈）
槍管長：201mm
全長：818mm
重量：4.35公斤
裝彈數：20發／32發

可以在狹小的空間發射大量子彈的衝鋒槍，在塹壕戰中發揮出了極大的威力。被稱為蝸牛型彈鼓的特殊彈匣可以裝入32發的子彈，但缺點是射擊時會失去平衡。上圖中的是手持MP18，戴著防毒面具的德國「突擊部隊」步兵。

基礎知識篇

手槍篇

步槍篇

衝鋒槍篇

機槍篇

狙擊步槍篇

霰彈槍篇

彈藥篇

在日本也可以用的寶槍篇

第二次世界大戰中閃電戰的主角
MP38／MP40

第一次世界大戰後，以希特勒為首的納粹勢力
崛起於苦於凡爾賽條約和世界恐慌的德國。
取得政權的納粹再次強化了軍備政策，
也復活了被禁止持有的衝鋒槍。

基礎知識篇

手槍篇

步槍篇

衝鋒槍篇

機槍篇

狙擊步槍篇

霰彈槍篇

彈藥篇

在日本也可以用的真槍篇

◆有效使用衝鋒槍的德軍

衝鋒槍可以在突入敵方陣地後的近身戰中發揮絕大的威力。但不管怎麼說，它還是使用手槍子彈的槍，因此在遠距離射擊時威力不足，而且也無法命中目標。衝鋒槍可以在一秒內射出10發子彈，因此能在數十公尺的距離內做出彈幕包圍敵人；但如果距離數百公尺的話，子彈會太過分散而打不到敵人。栓式步槍雖然無法連射，但如果冷靜地射擊的話，則有命中300公尺遠的人類大小目標的精度。

也因此，沒有人會想把步兵使用的槍全面性地換成衝鋒槍。而且在第一次世界大戰後，世界性的不景氣，使各國紛紛縮減軍事預算，難以採購大量的新型裝備。直到第二次世界大戰開始為止，幾乎所有的國家都沒有裝備衝鋒槍，或只有極少量地使用。

但在第二次世界大戰開始後，德國把大量的衝鋒槍投入戰場。以戰車開路，讓搭乘在裝甲車上的士兵突擊的閃電戰（Blitzkrieg）中，很少以栓式步槍作戰─需要有遠距離攻擊時使用機槍，近距離戰鬥時則讓衝鋒槍發揮威力。當時德軍使用的衝鋒槍有MP38和略微改良的MP40兩種，這兩款槍也是德軍登場的戰爭電影中一定會出現的槍。

※納粹：國家社會主義德意志工人黨。於1920年成立，在1933年掌握政權。
※第二次世界大戰：1939年9月～1945年9月，人類史上最大規模的戰爭。

Erma Werke MP38

Erma Werke MP40

口徑：9mm（9mm巴拉貝姆子彈）
槍管長：251mm
全長：630mm
重量：4公斤
裝彈數：32發／64發

　MP40改良了MP38的保險裝置，並且改成以壓鑄成型法來製作，以達到大量生產的目的。除此之外，外形與基本性能大致和MP38相同。MP40有數種改良衍生版本。MP38／MP40有時也被稱為「Schmeisser」，但德國的槍枝設計家Hugo Schmeisser並沒有參加本槍的研發。

基礎知識篇

手槍篇

步槍篇

衝鋒槍篇

機槍篇

狙擊步槍篇

霰彈槍篇

彈藥篇

在日本也可以用的買槍篇

基礎知識篇

手槍篇

步槍篇

衝鋒槍篇

機槍篇

狙擊步槍篇

霰彈槍篇

彈藥篇

在日本也可以用的真槍篇

構造超級簡單的
斯登衝鋒槍

第二次世界大戰開始時，
英軍幾乎沒有裝備衝鋒槍。
被派到歐洲大陸參戰的英軍，
被德軍的火力壓制，但⋯⋯

◆總之需要的是可以大量生產的槍！

第二次世界大戰初期的1940年5月，被德國的閃電戰打敗，退回國內的英軍，迫切需要能夠迅速、大量生產的槍枝（因為大部分的武器都丟在法國了）。說到構造簡單，又可以大量生產的槍，那就是衝鋒槍了。

德國的MP38／MP40。在當時看來是相當斬新的設計─構造簡單又容易量產─的衝鋒槍，但戰況危急的英國則設計出了更簡潔、更容易量產的衝鋒槍。在1941年被採用為制式的英國產衝鋒槍，外表看起來與其說是軍用槍，還不如說更像犯罪者在車庫或地下室用水管的零頭偷偷製造的改裝槍。

這挺衝鋒槍取兩位設計者Shepherd、Turpin的字首「S」與「T」，以及生產商Enfield的「EN」，被稱為「STEN GUN」。外表看起來雖然很糟，但量產性相當好，一個月可以生產2萬挺。

斯登衝鋒槍因細節的不同，有好幾種版本，但大多是被稱為斯登MkⅡ（MkⅡ Machine Carbine）的版本，在第二次世界大戰中生產了375萬挺之多。

在描述到第二次世界的電影中，只要有英軍登場的畫面，一定會有這把槍。

由於斯登衝鋒槍太方便生產了，大戰末期的德國，甚至把它拷貝生產作為國內的決戰用槍來使用。

※STEN GUN：由於士兵對初期型的斯登衝鋒槍評價不好，因此把它稱為「Stench Gun（臭氣槍）」。

基礎知識篇

手槍篇

步槍篇

衝鋒槍篇

機槍篇

狙擊步槍篇

霰彈槍篇

彈藥篇

在日本也可以用的實槍篇

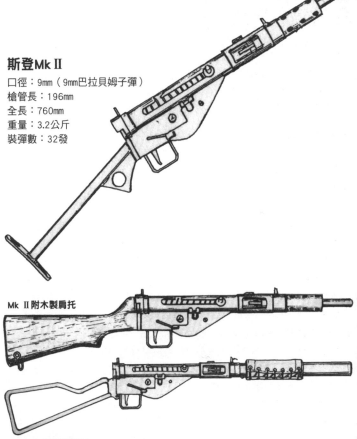

斯登Mk Ⅱ

口徑：9mm（9mm巴拉貝姆子彈）
槍管長：196mm
全長：760mm
重量：3.2公斤
裝彈數：32發

Mk Ⅱ附木製肩托

Mk Ⅱ S（附消音器）
特種部隊或反抗軍用的附消音器版本。

Mk Ⅱ 特殊版本
把機匣收納在木製槍托中的犢牛頭犬式卡賓版本。

湯普森衝鋒槍
是黑幫的愛用槍!?

電視影集『勇士們』中的桑德斯班長，
以及電影『搶救雷恩大兵』中的米勒上尉所拿的衝鋒槍
—湯普森衝鋒槍，是美國的代表性衝鋒槍。
但後來卻變成了黑幫用的武器……

◆湯普森衝鋒槍給人的印象是壞人用的槍？

第一次世界大戰後，認為美國也應該研發衝鋒槍的退休陸軍中將湯普森，設立了Auto Ordnance公司。該公司所研發的衝鋒槍，就以老闆之名取為「湯普森衝鋒槍」，簡稱為「湯米衝鋒槍（Tommy Gun）」。

湯普森提倡衝鋒槍的重要性，把槍賣到軍隊之中。但整體來說，美軍對衝鋒槍的重要性的認識度並不高，因此賣得不是很好，只好轉向民間販賣。當時正好是卡彭等黑幫的全盛時期，湯普森衝鋒槍因成為黑幫的武器而大為出名。被使用在黑道火拼中的湯普森衝鋒槍，有個外號是「芝加哥打字機（Chicago Typewriter）」，玩過『惡靈古堡4』的話應該對這名字很熟。

但在第二次世界大戰開始後，德軍的衝鋒槍在戰場上大為活躍，重新認識到衝鋒槍重要性的美軍，開始大量採購湯普森M1928。但以鐵塊切削而成的湯普森並不適合大量生產。在被訂單追著跑的情形下（同時也製造把生產過程簡化的M1、M1A1等產品），完成了54萬挺左右的槍，除了美軍之外也提供給同盟國使用。

※湯普森：約翰・T・湯普森。
※衝鋒槍：不稱為Machine Pistol，而是「輔助用機槍」之意的Submachine gun這個詞，據說是湯普森所創造的。

由M1928簡化而來，在1941年被美軍採用為制式的湯普森M1。

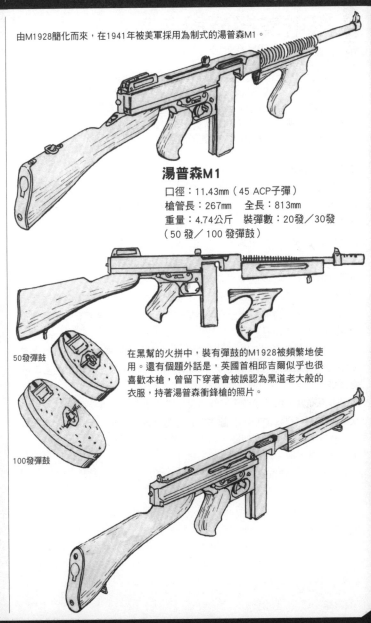

湯普森M1

口徑：11.43mm（45 ACP子彈）
槍管長：267mm　全長：813mm
重量：4.74公斤　裝彈數：20發／30發
（50 發／100 發彈鼓）

50發彈鼓

100發彈鼓

在黑幫的火拼中，裝有彈鼓的M1928被頻繁地使用。還有個題外話是，英國首相邱吉爾似乎也很喜歡本槍，曾留下穿著會被誤認為黑道老大般的衣服，持著湯普森衝鋒槍的照片。

基礎知識篇

手槍篇

步槍篇

衝鋒槍篇

機槍篇

狙擊步槍篇

霰彈槍篇

彈藥篇

在日本也可以用的實槍篇

汽車製造公司所製造的
M3衝鋒槍

取代生產性不高的湯普森衝鋒槍，
成為美軍主力的是M3衝鋒槍。
據說這是參考了大量採用壓鑄成型法來生產的德國MP40，
以大量生產為優先事項來設計而成的槍。

◆通用汽車公司製作的槍？

　　湯普森衝鋒槍的設計是以鐵塊切削而成，而且以衝鋒槍來說，構造複雜，不適合大量生產。在看到德國的MP38／40及英國的斯登衝鋒槍，領悟了「原來如此，衝鋒槍就是要這樣簡單生產才行」的美軍，讓擁有壓鑄成型技術的通用汽車公司生產新的衝鋒槍。完成的45口徑M3衝鋒槍，因為外形很像用來幫機械上潤滑油（黃油）的潤滑油槍，因此俗稱「黃油槍」。

　　製作方法是把槍的左右半部以鋼板壓鑄成型，再把左右兩半焊接起來成為槍身。抵在肩部的槍托是以粗鐵絲曲折製成，整體上很有汽車公司所製造的產品的感覺。

　　本槍被採用為制式是在1942年尾，但生產上了軌道後，1週可以生產8,000挺，因此直到第二次世界大戰結束的1945年為止，總生產量高達62萬挺。

　　從外形而言，如果說斯登衝鋒槍像是用水管做成的槍，那M3就是彈簧玩具槍。雖然構造簡單，看起來很難相信是真正的槍，但可靠度高，後座力也意外地小，容易射擊。射速約1分鐘500發，感覺起來有點低，但也因此容易控制，所以命中率高。

M3衝鋒槍（黃油槍）

口徑：11.43mm（45 ACP子彈）
槍管長：203mm
全長：579mm
重量：3.7公斤
裝彈數：30發

9mm衝鋒槍

一部分的自衛隊，把9mm衝鋒槍採用為制式，現在也依然裝備使用著。

基礎知識篇

手槍篇

步槍篇

衝鋒槍篇

機槍篇

狙擊步槍篇

霰彈槍篇

彈藥篇

在日本也可以用的實槍篇

以色列製造的
烏茲衝鋒槍

烏茲衝鋒槍是建國於第二次世界大戰後的以色列所研發的第一款槍械。
應該有很多人對它的名字及特殊的外形有印象。
登場於美劇『反恐24小時』及『蘋果核戰爭』中的烏茲衝鋒槍，
實際地射擊時……!?

◆被西方國家認同的以色列國產武器

　　烏茲衝鋒槍雖然是以色列的產品，但被西德軍大量搭載在黃鼠狼裝步戰車上，作為從車內射擊的槍來使用（似乎也有戰後賠償的層面在）；同時也被美國特勤局使用，是一把被許多國家採用的槍。

　　因為採取把彈匣裝填在握柄中的方式，所以握柄較粗，對手掌小的人來說可能有點太大，但如果用肩膀抵住的話，握柄的問題也就不算什麼了。

　　先把彈匣推入握柄內，再把拉柄拉到後退位置，扣下扳機後槍栓會前進，嗵嗵嗵嗵地來回動作。衝鋒槍的槍栓不是固定式，後座力幾乎全部成為讓槍栓動作的能量，消費在復進簧的壓縮上。由於感受到的後座力只有復進簧被壓縮時的力量而已，所以就算把槍抵在肩上也完全不會有問題。後座力不像步槍那麼沉重，只有1秒間10回左右的壓縮復進簧的輕微力道，因此在全自動射擊模式時，遠比突擊步槍容易控制。

　　想在近距離以全自動模式射擊的話，比起突擊步槍，衝鋒槍會比較有利。但衝鋒槍終究是使用手槍子彈的開放式槍栓構造，所以在超過100公尺以上的距離戰鬥時很難勝過突擊步槍。

※以色列建國：1948年5月。1949年5月加入聯合國。
※美國特勤局：隸屬美國財政部。知名的工作是保護總統安全，但也會進行保護要人之外的任務。2003年以後隸屬國土安全部管轄。

基礎知識篇

手槍篇

步槍篇

衝鋒槍篇

機槍篇

狙擊步槍篇

霰彈槍篇

彈藥篇

在日本也可以用的實槍篇

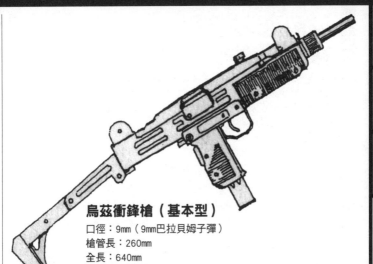

烏茲衝鋒槍（基本型）

口徑：9mm（9mm巴拉貝姆子彈）
槍管長：260mm
全長：640mm
重量：3.7公斤
裝彈數：25發／32發／40發

烏茲衝鋒槍的魅力是它的小型精實。在不知何時會被襲擊的危險地帶開車時，可以把槍放在儀錶板上面，以便隨時使用。雖然基本型就已經相當地小了，但還有更小型的「迷你烏茲」或手槍大小的「微型烏茲」。不過和基本型相比，這些小型化的烏茲在全自動射擊時的控制力較差。

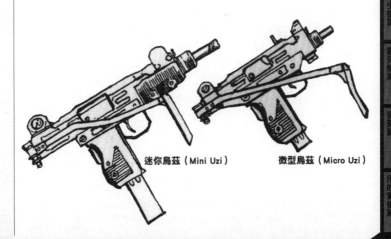

迷你烏茲（Mini Uzi）　　　　　　微型烏茲（Micro Uzi）

反恐部隊愛用的
MP5系列

H&K（黑克勒-科赫）的MP5衝鋒槍是活躍在
電影『終極警探』及電玩『惡靈古堡』、『潛龍諜影』等作品中的槍。
說不定是至今為止，在各種媒體作品中登場的衝鋒槍裡，
最主流的一把槍？

◆衝鋒槍是「大量撒出子彈」的武器嗎⋯⋯？

　　大部分的槍，都是在槍栓關閉膛室的情況下扣扳機，讓撞針撞擊雷管（關閉式槍栓）。但衝鋒槍採用的是在扣下扳機前，槍栓就已經在後退位置；扣下扳機後，槍栓會猛地前進，在子彈被送入膛室的瞬間撞擊雷管，點燃火藥的開放式槍栓方式。

　　因此大多數的衝鋒槍沒有擊錘，也沒有撞針，而是把槍栓前端設計成突起的形狀來直接撞擊雷管，是一種很單純的方式。正因為衝鋒槍是這樣構造簡單的槍，所以可以便宜地大量生產。

　　但也因為這種以數百公克重的槍栓在前進的瞬間擊發子彈的構造，所以衝鋒槍不是能夠精確射擊的槍種。簡單來說，只是一種把子彈大量撒出的道具，如果作為警察用槍的話會有很大的問題，因為有時犯人附近可能會有人質或無辜的人在場。

　　但德國的H&K公司製造的MP5衝鋒槍，和步槍一樣具有擊錘和撞針，是在膛室關閉的情況下扣下扳機的關閉式槍栓構造，命中精度是其他的衝鋒槍所不能望其項背的。

　　這對反恐部隊來說是很理想的槍，因此除了德國之外，日本以及世界許多國家的執法機關都有裝備本槍。但因為MP5的結構複雜而且造價很高，所以沒有國家將其採用為軍隊的制式裝備。

※執法機關：以美國為例，有警察、FBI（聯邦調查局）、DEA（藥物管理局）、ATF（菸酒槍炮及爆裂物管理局）、特勤局等等。「Law Enforcement」有時會被簡稱為LE。

基礎知識篇

手槍篇

步槍篇

衝鋒槍篇

機槍篇

狙擊步槍篇

霰彈槍篇

彈藥篇

在日本也可以用的實驗篇

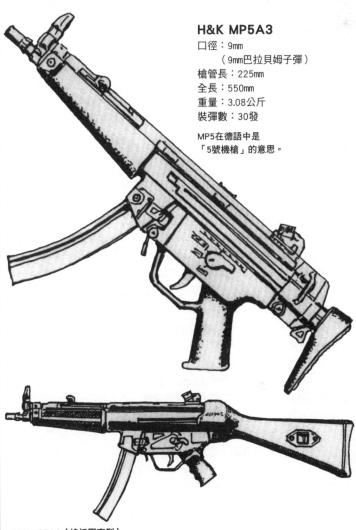

H&K MP5A3

口徑：9mm
（9mm巴拉貝姆子彈）
槍管長：225mm
全長：550mm
重量：3.08公斤
裝彈數：30發

MP5在德語中是
「5號機槍」的意思。

H&K MP5A2（槍托固定型）
MP5系列有許多版本，據說衍生的種類超過100種。

基礎知識篇

手槍篇

步槍篇

衝鋒槍篇

機槍篇

狙擊步槍篇

霰彈槍篇

彈藥篇

在日本也可以用的實槍篇

基礎知識篇

手槍篇

步槍篇

衝鋒槍篇

機槍篇

狙擊步槍篇

霰彈槍篇

彈藥篇

在日本也可以用的實槍篇

雖然外形怪異但容易射擊？
P90是一款PDW

秘魯的日本大使館占據事件中，
1997年4月特種部隊突入時，使用的武器是FN公司的P90。
因為P90使用的不是手槍子彈，所以嚴格來說不算衝鋒槍，但……
最近P90作為新種類的槍而受到矚目。

◆不使用手槍子彈的衝鋒槍!?

　　戰車兵、直昇機駕駛員、或是通信兵、維修兵……等等，軍隊中有許多士兵的主要任務不是使用槍械。對這些士兵來說，連現代的突擊步槍都嫌太大隻，在使用上很不方便。但假如有萬一時，如果只能使用手槍的話，又敵不過拿著突擊步槍的敵人。在戰場上至少要拿著衝鋒槍等級的武器才行，但衝鋒槍其實也頗為沉重；而且因為護具的普及，光以既有的手槍子彈，有無發射穿透護具的隱憂。

　　因此出現了能以手槍子彈般的小口徑高速彈藥來穿透護具的小型、輕量槍的需求。對應這需求而登場的是，概念介於突擊步槍與衝鋒槍之間的PDW（個人防衛武器）。

　　德國H&K公司生產的PDW，是以既有的衝鋒槍為基礎，改良成使用小型化步槍子而成的4.6mm子彈的槍；美國奈特公司則是把M16小型化成口徑6mm的步槍型PDW（但運作機制上較接近AK）。

　　比利時FN公司所製造，使用5.7mm子彈的P90，則因為其特殊的供彈系統而受到矚目：一般槍械的彈匣是裝在槍管下方，但P90的50發容量彈匣則是裝在槍管上方。子彈是水平並排在彈匣中，近入膛室前會先被旋轉90度再送入膛室。除了這個特殊的供彈系統外，其他部分的構造則比別間公司的PDW來得單純。

　　雖然外表看起來很奇特，但因為是依據人體工學設計而成，所以很容易使用。

※護具：也就是防彈衣，也被稱為防彈背心。
※PDW：Personal Defense Weapon（個人防衛武器）的簡稱。

基礎知識篇

手槍篇

步槍篇

衝鋒槍篇

機槍篇

狙擊步槍篇

霰彈槍篇

彈藥篇

在日本也可以用的實槍篇

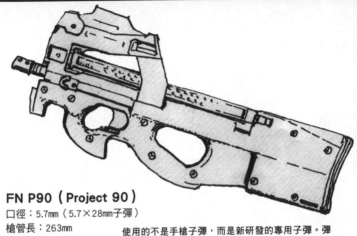

FN P90（Project 90）

口徑：5.7mm（5.7×28mm子彈）
槍管長：263mm
全長：504mm
重量：2.8公斤
裝彈數：50發

使用的不是手槍子彈，而是新研發的專用子彈。彈頭發射時的初速很快，可以穿透護具。也有生產使用同種彈藥的5.7mm手槍。

各生產商研發的PDW（個人防衛武器）

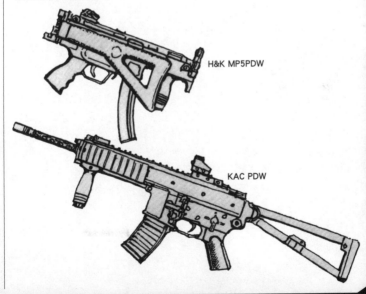

H&K MP5PDW

KAC PDW

CHAPTER.

本單元中的機槍，
指的是如輕機槍般，比步槍更大的槍械。
最早期的機槍，例如「卡特林機槍」，
有時會在西部片登場。
近代的機槍則被加以輕量化，
可以用手搬運，
最有名的機槍是藍波單手射擊的「M60」。
讓我們來學習輕機槍的使用方法，
一口氣掃平敵人吧！

機槍篇
MACHINGUN

基礎知識篇

手槍篇

步槍篇

衝鋒槍篇

機槍篇

狙擊步槍篇

霰彈槍篇

彈藥篇

在日本也可以用的實槍

加特林機槍是**手動式機槍!?**

噠噠噠噠地連續射擊，做出彈幕來封住敵人行動的機槍（Machingun）可說是戰爭電影中必備的槍種。
但直到可以實際使用在戰場的機槍出現為止，
人們不斷地進行許多錯誤的嘗試。

◆幕末日本也曾使用過的加特林機槍

現代機槍的連射系統，是以發射彈藥時的發射氣體來讓活塞後退，或是利用發射時的後座力來讓槍栓等的內部機關運作的方式。

但在約150年前，機槍是以手動的方式來連射，代表性的手動機槍是加特林機槍。這種機槍是以手轉動握把來旋轉6根槍管（也有10根等不同的種類），以連續發射子彈。雖然有6根槍管，但不是只能擊發6發子彈，而是利用旋轉來動作槍栓，把彈藥送出彈匣，完成裝填、擊發、退殼的動作。

這種機槍是名為理查‧加特林的人，在美國南北戰爭時所發明的，有時會出現在西部片中。在近代式機槍出現前，廣為世界各國使用。幕末日本也曾輸入過幾座加特林機槍，在小倉藩、長岡藩、江戶幕府海軍中被作為實戰武器使用。中日甲午戰爭時也被一部分的清軍使用。

不過在利用發射氣體或後座力來自動射擊的機槍普及之後，加特林機槍就消失了。但加特林槍的運作機制被保留了下來，把動力由人手改為電動式，成為戰鬥機的機炮「加特林機炮」或軍艦用來擊落攻向自己的導彈的CIWS機炮、戰鬥直昇機AH-1S的機炮等武器。和手動時不同，電動式的加特林機炮能夠以50～100發／秒的射速來進行射擊。

基礎知識篇

手槍篇

步槍篇

衝鋒槍篇

機槍篇

狙擊步槍篇

霰彈槍篇

彈藥篇

在日本也可以用的實槍篇

◎加特林機槍

在1865年，世上便已出現了使用金屬彈殼子彈的加特林機槍。嚴格來說加特林機槍不算機槍，而是「手動式連發槍」。1884年海勒姆・馬克沁發明了利用發射氣體來射擊的機槍之後，加特林機槍就急速地衰退了。

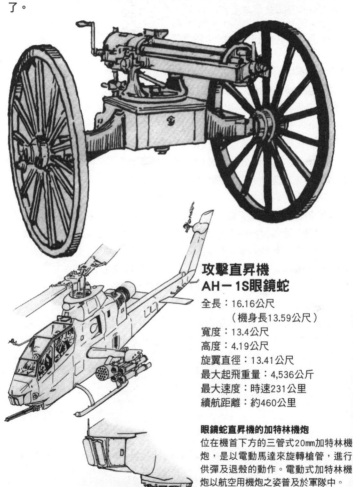

攻擊直昇機
AH－1S眼鏡蛇

全長：16.16公尺
　　　（機身長13.59公尺）
寬度：13.4公尺
高度：4.19公尺
旋翼直徑：13.41公尺
最大起飛重量：4,536公斤
最大速度：時速231公里
續航距離：約460公里

眼鏡蛇直昇機的加特林機炮
位在機首下方的三管式20mm加特林機炮，是以電動馬達來旋轉槍管，進行供彈及退殼的動作。電動式加特林機炮以航空用機炮之姿普及於軍隊中。

基礎知識篇

手槍篇

步槍篇

衝鋒槍篇

機槍篇

狙擊步槍篇

霰彈槍篇

彈藥篇

在日本也可以用的實槍篇

馬克沁機槍與哈契基斯機槍

非手動式，而是利用發射時的能量來自動射擊的機槍之中，
蘊藏了大幅改變戰爭方式的可能性。
但世界各國真正認識到機槍的威力，
則是在其登場後將近20年之後的事。

◆日俄戰爭中阻止日軍攻擊的馬克沁機槍

在英國工作的美國人技師海勒姆・馬克沁，於1880年代研發出了第一款以彈帶供彈，利用後座力射擊的近代機槍。馬克沁原本不是槍枝的設計者，也不曾參與過槍械的設計，「我只是想靠設計機槍來賺錢，所以才研發機槍的」本人是這麼說的。

如同本人的意志，馬克沁機槍在世界各地販賣，英國、俄國、德國都裝備有馬克沁機槍。在日俄戰爭中，把攻擊旅順要塞的日本士兵全部殲滅的也是馬克沁機槍。

因此日本軍也從法國導入了哈契基斯機槍。這是受到馬克沁機槍的成功所刺激，法國自行研發的氣冷式機槍。供彈方式不是以彈帶，而是以稱為彈條的金屬板裝填30發子彈，從機匣側面填彈的方式。雖然供彈效率比彈帶來得差，但因為故障少，在當時算是實用的產品。

日本製作機槍的歷史，開始於拷貝哈契基斯機槍，因此直到第二次世界大戰為止，製造的都是氣冷式、彈條供彈的機槍。順便一提，哈契基斯機槍的彈條機構不是模仿自釘書機的釘書針；釘書針也不是模仿自彈條機構（譯註：日文中的釘書機和哈契基斯的發音相同，所以有這樣的都市傳說存在）。

※日俄戰爭：1904年2月～1905年9月。大日本帝國與俄羅斯帝國間的戰爭。
※哈契基斯（Hotchkiss）：班傑明・B・哈契基斯。法語中，字母H在單字開頭時不發音，因此以法語來說「歐契基斯」才是正確的唸法。但發明者哈契基斯的公司雖然設立在法國，不過本人是美國人，所以唸成哈契基斯也不算錯誤的唸法。

馬克沁機槍

在旅順攻防戰中，俄軍以2座馬克沁機槍殲滅了200名的日軍攻擊部隊。槍管很粗，是因為槍管外面套著裝有冷卻水，用來冷卻槍管的套筒。除了如圖片搭載在車輪架上的版本外，還有橇型槍架、或裝在三腳架、二腳架上的輕機槍型等版本。

搬運馬克沁機槍的步兵

把機槍放在橇上，以滑行的方式來搬運機槍的4人組步兵。
機槍雖然威力強大，但很沉重，是搬運起來很辛苦的武器。

哈契基斯機槍

被日本陸軍採用後稱為「保式機關槍」。哈契基斯機槍雖然是法國的產品，但發明者班傑明・哈契基斯是美國人，因此把「歐契基斯」唸成「哈契基斯」也不算錯誤唸法。

基礎知識篇

手槍篇

步槍篇

衝鋒槍篇

機槍篇

狙擊步槍篇

霰彈槍篇

彈藥篇

在日本也可以用的實槍篇

基礎知識篇

手槍篇

步槍篇

衝鋒槍篇

機槍篇

狙擊步槍篇

霰彈槍篇

彈藥篇

在日本也可以用的實槍篇

水冷式機槍和
氣冷式機槍

可以連續發射大量子彈的機槍，
作為敵人的武器時令人恐懼，但作為我方武器時則令人安心。
當然機槍也是有缺點的，
而且正是因為機槍的連續射擊，才會產生這樣的大問題……

◆解決必然產生的高溫的方法

穩穩搭載在三腳架上的重機槍，射擊的穩定度，可以在1,000公尺遠的距離命中直徑1公尺的圓圈。就如前述的日俄戰爭或第一次世界大戰的教訓，在沒有掩護物的地方，步兵以傳統方法攻擊架設有機槍的陣地的話，損傷會相當慘重。

但因為子彈的火藥是在槍管中燃燒，所以連續射擊數十發子彈之後，槍管會燙到無法觸摸的程度。發射數百發後槍管會變紅、變軟。強行以變軟的槍管發射子彈的話，槍管會膨漲或磨損，彈頭會因此無法飛行得太遠。

為了冷卻槍管，直到第一次世界大戰為止，大多數的機槍都是採用在槍管外側裝上有冷卻水套筒的水冷式機槍。不過冷卻水也是會漸漸蒸發，因此在沙漠之類連士兵的飲用水都很珍貴的戰場上，必需特別留意保住機槍用的冷卻水；在冬天，則必需注意不讓冷卻水結冰。整體來說，水冷式機槍全是巨大又沉重的槍。

因此日軍採用了氣冷式機槍（順便一提，戰車的引擎也是氣冷式）。滿州雖然不是沙漠地帶，但水的取得卻意外地困難。

氣冷式的冷卻效果不如水冷式，但裝有光學瞄準具的日軍92式重機槍的命中精度之高，說是全自動狙擊槍也不為過，因此在1,000公尺以上的距離也可以只用3～5發的短連射來確實地打倒敵人。

基礎知識篇

手槍篇

步槍篇

衝鋒槍篇

機槍篇

狙擊步槍篇

霰彈槍篇

彈藥篇

在日本也可以用的實槍篇

Vickers Mk I 重機槍

口徑：7.7mm　全長：109.2cm　重量：15公斤
裝彈數：250發（布製彈帶）

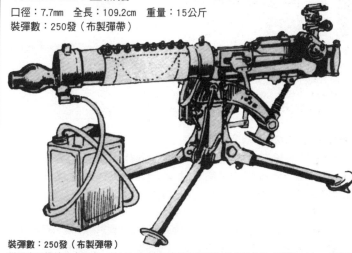

裝彈數：250發（布製彈帶）
從馬克沁機槍改良而來，於1912年被英國陸軍採用為制式的水冷式機槍。以4.3公升的水來冷卻槍管。被發射時的高溫蒸發的水分，經由水管引導至後方的水桶中，再次成為液狀。缺點是長時間射擊後，水桶會冒出水蒸氣的白煙，容易被敵人察覺所在之處。

92式重機槍

口徑：7.7mm　全長：115cm
重量：28公斤　裝彈數：30發

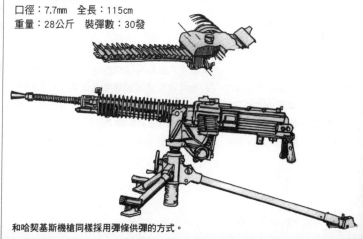

和哈契基斯機槍同樣採用彈條供彈的方式。

基礎知識篇

手槍篇

步槍篇

衝鋒槍篇

機槍篇

狙擊步槍篇

霰彈槍篇

彈藥篇

在日本也可以用的實槍篇

輕機槍的傑作
ZB26

機槍的弱點是沉重巨大、難以移動。
設置在陣地中射擊時還無所謂，
但如果想和步兵一起行動的話就相當困難。
為了解決這個問題，因而誕生了輕機槍。

◆機槍是「防禦用」的武器嗎!?

　　把重機槍穩穩地裝在三腳架上，用來防禦陣地的話是很不錯的。但如果想要攻擊的話，就太過沉重，難以跟著步兵一起行動。因此在第一次世界大戰後半，出現了可以和士兵一起行動的輕機槍。雖然說是「輕」機槍，但它仍有十幾公斤的重量。因為不這麼重的話，射擊時的後座力會讓槍劇烈上揚而且難以控制。輕機槍的命中率依射手的腕力，有相當大的差距，但大多可以在300公尺遠的距離擊中人類大小的目標。但因為後座力的問題，輕機槍的基本使用方式是：擊出數發子彈後手指就必須放開扳機，重新瞄準射擊。

　　而且因為輕機槍不是水冷式，連射太久的話，槍管會燒起來。雖然商品型錄上寫著「600發／分」，但這只是單純表示機械動作可以達到的射速。如果不想讓槍管燒起來的話，通常必需把射速壓在數十發／分之內（依氣溫不同會有所增減）。

◆輕機槍的傑作出自捷克

　　第一次世界大戰後，世界各國製造了各式各樣的輕機槍。其中被稱為最高傑作的是捷克的ZB 26。ZB 26比其他國家的輕機槍更輕，而且故障率也很低。中國軍在對日抗戰時以ZB 26為武器，讓日軍相當頭痛。戰場上的日軍有時也會使用從中國軍處得手的ZB 26來攻擊。日本的96式輕機槍或英國的布倫（BREN）輕機槍都是模仿ZB 26來研發的產品。

※ZB 26：也因製造商之名而被稱為「Brno」。

基礎知識篇

手槍篇

步槍篇

衝鋒槍篇

機槍篇

狙擊步槍篇

霰彈槍篇

彈藥篇

在日本也可以用的實槍篇

ZB 26 Brno
口徑：7.92mm
全長：116cm
重量：9.65公斤
裝彈數：20發

ZGB 34
英國以ZB 26的改良型—ZGB 34為原型，研發出了布倫（BREN）輕機槍。BREN一名取自「Brno」和「Enfield」的前兩個字母。

「班用支援武器」的先驅
BAR

基礎知識篇

手槍篇

步槍篇

衝鋒槍篇

機槍篇

狙擊步槍篇

霰彈槍篇

彈藥篇

在日本也可以用的實槍篇

可以全自動射擊、能和我方士兵一起邊前進邊射擊，
而且士兵能夠單獨使用的攻擊武器─這種介於步槍和機槍間的槍種，
在美軍參與第一次世界大戰時，
便已採用為制式，但……

◆步兵的可靠夥伴

美軍參與第一次世界大戰時，機槍還是一種笨重的武器，無法輕巧地隨著步兵一起行動，但美軍配備的白朗寧自動步槍（簡稱BAR），是一種8公斤重，裝備20發容量彈匣，可以全自動射擊，介於步槍與機槍間的槍。

BAR作為步槍來說太過沉重，作為機槍的話連射性能又不夠好。雖說是一把不上不下的槍，但在步槍還是手動栓式槍機的時代，這款可以方便地和步兵一起行動的自動槍，依然是很可靠的夥伴。

後期型的M1918A1可以改變射速為550發／分或350發／分。以350發／分的射速射擊時，發射的聲音聽起來相對地緩慢。

第二次世界大戰時，各國都研發出了輕機槍，每班（10人左右的步兵單位）可配備一挺輕機槍。這種輕機槍也被稱為班用機槍。

但第二次世界大戰剛開始時，美軍沒有適合作為班用機槍的輕機槍，因此把BAR當成「班用支援武器」來繼續使用。第二次世界大戰結束後，仍持續地進行改良，延用至韓戰為止。

戰後，美軍提供BAR給剛成立的自衛隊，被廣為使用。美軍對本槍的稱呼是「吧」，自衛隊則是以「B・A・R」來稱之。

※韓戰：1950年6月～1953年7月。南北韓間的戰爭。

M1918A2 Automatic Rifle（BAR）

口徑：7.62mm（30-60子彈）　槍管長：611mm　全長：1,214mm
重量：9.07公斤

以背帶掛在肩上的方式托槍

立起二腳架來伏地射擊

◎射擊報告

　　在戰爭電影中，有些美國士兵可以把這款BAR當作步槍般地輕鬆使用。但對筆者這樣小個子的人來說，是不可能的事。後期型的BAR附有二腳架，可以作為輕機槍使用；但初期型並沒有腳架，因此只能把這把沉重巨大的槍架在肩上，如步槍般地射擊。

　　如果立起二腳架，或是以背帶掛在肩上，抵在腰部射擊的話，本槍意外地容易射擊。這大概是因為，使用的雖然是是30-60這種強力的子彈，但相對地射速較低，而且因為槍身沉重，可以抵消後座力的原故吧。

基礎知識篇

手槍篇

步槍篇

衝鋒槍篇

機槍篇

狙擊步槍篇

霰彈槍篇

彈藥篇

在日本也可以用的實槍篇

基礎知識篇

手槍篇

步槍篇

衝鋒槍篇

機槍篇

狙擊步槍篇

霰彈槍篇

彈藥篇

在日本也可以用的賣槍篇

通用機槍的始祖
MG42

製造出現代步兵用步槍的主流—突擊步槍的原型槍的是德國。
設計出現代機槍形式的，也是德軍。
在各國對機槍的設計進行許多錯誤嘗試之時，
德國做出的解答是？

◆現代機槍的始祖

MG34在第二次世界大戰爆發前的1934年，被德軍採用為制式。MG34基本上是輕機槍，但裝在三腳架上後可以作為重機槍使用，也可以作為對空機槍或是車載機槍來使用。由於是氣冷式的設計，槍管容易過熱，不過可以用更換槍管的方式來克服這個問題。士兵攜帶備用槍管，在過熱時換上預備的槍管來繼續射擊。這樣的機槍稱為「通用機槍」。在現代，重機槍已經衰退，說到機槍的話就是指通用機槍。MG34正是這種通用機槍的始祖。

供彈方式是彈帶供彈，但彈帶在突擊時會造成阻礙，因此改良成也可以使用彈鼓的形式。

◆直到大戰結束為止，生產了40萬挺的後繼槍

從MG34改良而成的MG42，幾乎所有的零件都是以壓鑄成型法製作，以利大量生產。此外還改良了MG34在更換槍管時的不便之處。MG34每分鐘可發射900發子彈，MG42因為考慮到對空射擊的問題，所以把射速提高至1,500發／秒。

因為這樣的高射速，MG42的射擊聲和其他機槍不同，是「嗡-」的連續音。這種聲音被同盟軍稱為「希特勒的電鋸」而感到恐懼。不過在射擊地面目標時，通常是採取射擊數發彈藥後就放開扳機，重覆射擊的短連射方式。

MG42現在被德國聯邦國防軍變更為7.62mm口徑，以MG3之名繼續使用，此外也有不少國家生產它的拷貝版產品。

※MG：德語中機槍（Maschinegewehr）的縮寫。
※通用機槍：General Purpose Machine Gun，簡稱GPMG。

MG34

口徑：7.92mm
槍管長：625mm
全長：1,220cm
重量：12.1公斤

MG34是世界上第一把可作為輕機槍，也可作為重機槍使用的通用機槍。是第二次世界大戰後的機槍主流「GPMG（General Purpose Machine Gun）」的始祖。

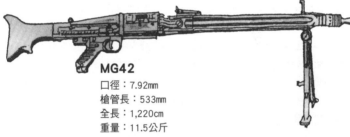

MG42

口徑：7.92mm
槍管長：533mm
全長：1,220cm
重量：11.5公斤

　　由作為通用機槍，獲得成功的MG34改良而來。使用更多的壓鑄成型技術，以提高生產效率及降低成本。同時也考慮到在寒冷地區或熱帶使用的問題。

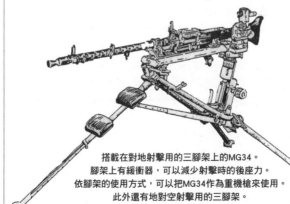

搭載在對地射擊用的三腳架上的MG34。
腳架上有緩衝器，可以減少射擊時的後座力。
依腳架的使用方式，可以把MG34作為重機槍來使用。
此外還有地對空射擊用的三腳架。

基礎知識篇　手槍篇　步槍篇　衝鋒槍篇　**機槍篇**　狙擊步槍篇　霰彈槍篇　彈藥篇　在日本也可以用的實槍篇

側防火器和最終防禦火力線

如前文所述，機槍是相當強力的武器。
但為了贏得戰爭，除了武器的性能要高之外，
也必需採取能發揮出武器性能的戰術才行。
在這裡舉出一種把機槍作為防禦用武器使用的戰術。

◆要如何配置機槍呢？

在戰爭電影中，防禦陣地時常會從正面以機槍掃射敵人。雖然這種從正面射擊敵人的機槍配置也是存在的，但在防禦陣地時，最有決定性效果的是稱為「側防火器」的配置法：把機槍配置在敵人側面來進行攻擊。

用來保護陣地的鐵絲網，不是設置成一條直線，而是設置成如右圖般的鋸齒狀。機槍被設置在側面，用以攻擊想要突破鐵絲網的敵人。

敵人也明白這點，所以在突擊前會先以炮火攻擊他們認為設置有側防火器（機槍）的地點。但想要擊中隱藏在洞穴中的機槍是很困難的。側防火器只需要攻擊接近鐵絲網的敵人就好，其他的敵人可以完全不管，所以會在設置地點的上方做出堅固的屋頂，或是做出土堆來隱藏自己。

決定防衛戰勝負的瞬間是：就算是夜裡看不見敵人，或是敵人使用煙霧，只要覺得敵兵來到鐵絲網附近，就直接開槍射擊。因為機槍被設置在隱密的地點，無法看清大範圍的狀況，但相反地，對於來到射擊範圍內的敵人，就算閉著眼睛射擊，也有一定的命中率。這時候就算槍管燒起來也無所謂，盡量射擊就對了。

攻擊方所攜帶的班用機槍的功用是：被側防火器射擊時，立刻進行反擊。但因為側防火器通常會隱藏起來，只露出槍管來做攻擊，班用機槍想通過那樣的小洞反擊回去的話，在攻擊之前自己就會被擊中了，因此很難成功。

操作裝在三腳架上的白朗寧M1919的美國士兵

側防火器的配置概念圖

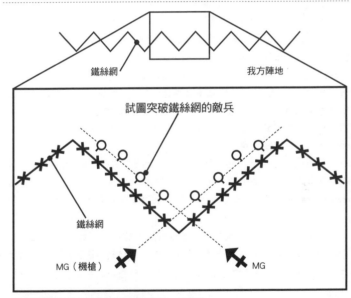

鐵絲網

我方陣地

試圖突破鐵絲網的敵兵

鐵絲網

MG（機槍）　　　　　　　　　　　　MG

用來防衛陣地的鐵絲網不是設置成直線，而是鋸
齒狀。如此一來，在敵軍試圖突破鐵絲網時，就
可以從側面以機槍攻擊敵兵。

基礎知識篇

手槍篇

步槍篇

衝鋒槍篇

機槍篇

狙擊步槍篇

霰彈槍篇

彈藥篇

在日本也可以用的實槍篇

漸漸失去蹤影的
M60通用機槍

電影『藍波2』的最後，
席維斯史特龍所飾演的藍波以單手射擊M60機槍。
M60雖然是活躍於越戰的美軍主力機槍，
但現代的美軍已經漸漸不再使用它了。原因是什麼呢？

◆第二次世界大戰後美軍研發的通用機槍

　　第二次世界大戰中，與德軍的MG34、MG42通用機槍交手過的國家，在大戰結束後紛紛致力於研發通用機槍。比利時FN公司在1958年開始生產的FN-MAG，成為世界銷售量第一的機槍。

　　西德（當時）是把MG42的口徑改成7.62mmNATO子彈，以MG3之名繼續使用，許多國家也複製或做部分改良地使用它。日本研發的是62式機關槍，蘇聯則在1961年研發出了PK機槍。

　　美國在1957年開始生產M60機槍，從越戰起使用到最近為止。身為通用機槍的M60，被使用在實戰後出現許多不滿的聲音。其最大的缺點是交換槍管時很不方便：因為槍管上沒有手把，如果沒戴著防熱手套的話會被燙傷。由於腳架是附在槍管上，因此交換槍管時如果沒有別人在旁邊扶著的話，槍就會倒在地上。

　　後來出現了在槍管上追加手把，把腳架改設置在氣缸的改良版，但並沒有真正徹底的改良型出現。因此在和M16突擊步槍同口徑的5.56mm minimi成為制式後， M60就漸漸不被作為班用機槍使用了。

　　之後M60被裝在三腳架上作為重機槍使用，或是搭載在直昇機、裝甲車上使用，但在波斯灣戰爭時，沙漠的沙常使M60出現故障，最後美軍終於不再使用M60，轉為使用FN-MAG（以M240機槍之名採用為制式）。

※防熱手套：以石棉製成。
※波斯灣戰爭：1991年1月～2月，以美軍為首的多國部隊與伊拉克間的戰爭。

M60機槍

口徑：7.62mm（7.62mmNATO子彈）　槍管長：560mm　全長：110.5cm
重量：10.5公斤　裝彈數：∞發（金屬彈鏈）

1975年被美軍採用為制式的M60機槍，
和第二次世界大戰後研發的其他機槍同
樣，都受到德軍MG42機槍的強烈影響。

FN-MAG（美軍制式名M240）

口徑：7.62mm（7.62mmNATO子彈）　槍管長：630mm　全長：126cm
重量：11公斤　裝彈數：∞發（金屬彈鏈）

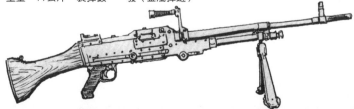

基礎知識篇

手槍篇

步槍篇

衝鋒槍篇

機槍篇

狙擊步槍篇

霰彈槍篇

彈藥篇

在日本也可以
用的實槍篇

自衛隊也使用的
Minimi

可以與突擊步槍共用彈藥，
讓步兵部隊的最小單位班，毫無障礙地使用的輕機槍
——在現代，這樣的槍被稱為「班用支援武器」。
代表性的槍是FN公司研發的Minimi。

◆「Minimi」這名字相當可愛，但⋯⋯

自從突擊步槍成為步兵的標準裝備之後，在班用機槍方面，也出現了可以和突擊步槍使用同樣彈藥的小型、輕量機槍的需求。但有問題的部分是供彈方式。俄國的RPD班用機槍是彈鏈供彈，為了可以敏捷地行動，所以把100發容量的彈鏈裝在鼓型容器中，裝備在槍身下方。

如此一來，就算步槍和機槍的彈藥可以共用，但實際在戰場上時，如果想把步槍的彈藥分給機槍使用，則必須把裝在彈匣中的子彈取出，一枚枚地裝在彈鏈上才行；反過來說，如果想把機槍的彈藥分給步槍使用，則必需把子彈從彈鏈上一枚枚地取下，裝入彈匣之中⋯⋯在前線沒有時間可以慢慢做這種事！因此俄軍放棄了彈鏈供彈式的班用機槍，把使用40發容量彈匣（也可以使用步槍的30發容量彈匣）的RPK作為班用機槍。

不過一但考慮到作為側防火器使用時，就算槍管燒掉也是要持續射擊的情況，就很難放棄彈鏈供彈的方式。因此比利時FN公司所研發的是：可以彈鏈供彈，也能使用M16彈匣的5.56mm機槍「Minimi」。機槍的法語是「Mitrailleuse」，所以Minimi是「迷你機槍」的意思。雖然是迷你機槍，名字也很可愛，但火力是M16的10倍以上。

Minimi被美軍及自衛隊，還有許多國家採用為制式。就算沒有採用Minimi的國家，也大多參考Minimi來研發，或是採用類似的機槍。

FN MiniMi
口徑：5.56mm
　　　（5.56mmNATO子彈）
槍管長：465mm
全長：104cm
重量：6.85公斤
裝彈數：200發（金屬彈鏈）
　　　／30發彈匣

虛線的部分可裝上200容量的彈袋。

◎射擊報告

　　Minimi在自衛隊中被視為「機槍」，但在美軍之中則不是機槍，而是稱之為「班用支援武器」……雖然是彈鏈供彈，也使用三腳架，但不是機槍。

　　對筆者般體格的人來說，無法把BAR作為步槍使用，但Minimi的話就可以像步槍般地射擊。因為使用的彈藥是即使以步槍發射，後座力也算小的5.56mm子彈，以重達7公斤的Minimi來射擊的話後座力更是小得如同玩具槍一般。

　　中國軍也研發、裝備有和Minimi差不多的5.8mm 88式機槍。但只能以彈鏈供彈，因此目前無法作為班用機槍使用。

基礎知識篇

手槍篇

步槍篇

衝鋒槍篇

機槍篇

狙擊步槍篇

霰彈槍篇

彈藥篇

在日本也可以用的實槍篇

俄國／中國的班用機槍

Minimi是世界上賣得最好的班用機槍，
但沒有採用Minimi的國家，同樣也會使用班用支援武器。
陸軍大國俄國與中國的步兵，
使用的是什麼樣的班用支援武器呢？

◆是「迷你機槍」還是「強化型步槍」？

在日本或歐美使用的班用機槍Minimi，是把真正的通用機槍小型化而成；相比之下，俄國及中國的班用機槍，雖被稱為機槍，但卻像是把步槍強化成班用機槍的感覺。

俄國的RPK是把AK的槍管加長，裝上腳架，換上40發容量彈匣而成（也可以使用步槍的30發容量彈匣）。中國的81式輕機槍同樣是把81式步槍的槍管加長，裝上腳架，換成75發容量彈鼓而成（當然也可以使用步槍的30發容量彈匣）。

筆者有相當的81式機槍的射擊經驗。如果要前往戰場的話，比起AK或81式步槍（或是和日本的64式小銃相比），筆者會選擇這款81式輕機槍來代替步槍使用。雖說是輕機槍，但使用起來的感覺像是步槍。雖然比64式小銃略重，但想到重量包含了75發容量的彈鼓的話，就會覺得比64式小銃輕了。而且全自動射擊時也很好控制。

◆依使用方式也有不夠力的情形？

隨著俄國的突擊步槍更換成口徑5.45mm的AK74，班用機槍的RPK也更換成了5.45mm的RPK74。中國則是把5.8mm的95式步槍的槍身加長，追加腳架和75發容量彈鼓，製造出95式班用機槍（也可以使用30發容量彈匣）。這些機槍的確輕便好用，但作為側防火器來使用的話，會覺得威力不夠……不知道俄軍和中國軍是怎麼認為的呢？

RPK74輕機槍（俄國）

口徑：5.45mm
（5.45×39mm子彈）
槍管長：590mm
全長：104cm
重量：7.4公斤
裝彈數：30發／45發

81式輕機槍（中國）

口徑：5.45mm（5.45×39 mm子彈）
全長：102cm
重量：5.15公斤
裝彈數：75發

◎射擊報告

　　81式輕機槍是很輕巧的機槍，如果要帶到戰場上，比起AK47，筆者會選擇它。全長比自衛隊的64式小銃長3公分，但考慮到75發分量彈匣的重量的話，其實比64式還輕。射擊時的後座力也比AK74小而且安定。不論是以全自動射擊模式來抵肩立射或貼胸射擊，都很好控制。有子彈可以隨心所欲地射向目標的感覺。

基礎知識篇

手槍篇

步槍篇

衝鋒槍篇

機槍篇

狙擊步槍篇

霰彈槍篇

彈藥篇

在日本也可以用的實槍篇

基礎知識篇

手槍篇

步槍篇

衝鋒槍篇

機槍篇

狙擊步槍篇

霰彈槍篇

彈藥篇

在日本也可以用的實槍篇

「重機槍」的代名詞
M2 重機槍

M2重機槍曾出在『來自硫磺島的信』、『硫磺島的英雄們』、
『黑鷹計畫』、『第一滴血 4』等電影之中。
……也就是說，
作為武器，是使用時間異常地長的傑作機槍。

◆「還是不會輸給年輕小伙子們啊！」

第一次世界大戰後，認為需要有能夠射擊飛機或裝甲車等的大型機槍的美軍，在1933年採用了白朗寧所設計的M2機槍。

口徑12.7mm（50口徑）、全長165公分，光是槍管（114公分）就和一般步槍差不多長了。槍本身的重量是35公斤，加上三腳架的話則超過60公斤。以吉普車來搬運的話是沒問題，但如果要以人力搬運的話，就得把槍管拆下，分別搬運槍管（一根槍管約重12.7公斤）、機匣部分、三腳架、彈藥……等等，工程浩大。

這種12.7mm子彈，和第二次世界大戰中的步槍子彈相比，不論彈頭重量或是火藥量都有5倍之多，和現代的5.56mm子彈相比的話，則是10倍以上的強力子彈。最大射程可達6公里。

M2重機槍作為對空武器，在第二次世界大戰中，攻擊飛機時要1,000發才會打中1發，要擊落敵機的話，平均10,000發才能打下1架飛機。因為1發子彈的重量有110公克之重（依一般彈、曳光彈、穿甲彈等彈種不同，重量會略有差異），也就是說要消耗一噸以上的彈藥才能擊墜1架敵機；因此在現代，除了對付直昇機外，用處不大。但如果是在100公尺的近距離，則可以穿透25mm厚的鐵板，在500公尺遠的地方可以穿透18mm厚的鐵板，因此把M2拿來對付地面目標的話，還是相當有效的武器。事實上，現在M2還是很常被作為戰車或是裝甲車的車載機槍使用。

第二次世界大戰之後，美軍有參與戰鬥的世界各地戰場上，M2重機鎗還是持續活躍著。在制式化超過70年的21世紀，除了美軍之外，M2也依然被其他國家使用著。

※口徑12.7mm（50口徑）：M2因為口徑的原故，所以也被稱為「Caliber 50」或是「Big Fifty」。

□ M2

基礎知識篇

手槍篇

步槍篇

衝鋒槍篇

機槍篇

狙擊步槍篇

霰彈槍篇

彈藥篇

在日本也可以
用的實槍篇

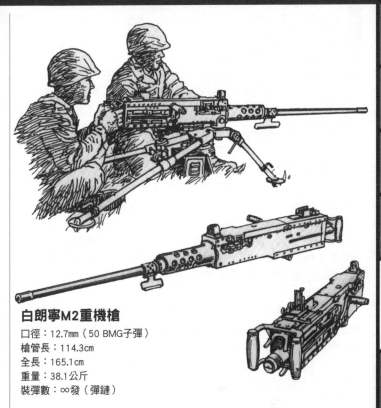

白朗寧M2重機槍

口徑：12.7mm（50 BMG子彈）
槍管長：114.3cm
全長：165.1cm
重量：38.1公斤
裝彈數：∞發（彈鏈）

自衛隊也把M2拷貝生產來使用。但日本製的M2重機槍，槍管的裝設方法和原版不同，因此和美國製M2沒有互換性（原版是螺旋上緊的方式，但日本版改良成裝上後旋轉1／4即可固定）。

基礎知識篇

手槍篇

步槍篇

衝鋒槍篇

機槍篇

狙擊步槍篇

霰彈槍篇

彈藥篇

在日本也可以用的實槍篇

會想稱之為「炮」的 14.5mm機槍

為了對抗出現在第一次世界大戰的戰車而研發的反戰車步槍，
在戰車的重裝甲化後成為舊時代的遺物。
但從這個脈絡中誕生了反物資步槍，
也誕生了使用反戰車步槍彈藥的機槍

◆使用反戰車步槍彈藥的KPV機槍

俄軍在第二次世界大戰時裝備有口徑14.5mm的反戰車步槍PTRD和PTRS。這些槍的長度有2公尺，重達20公斤。因為口徑是14.5mm，所以被稱為「槍」，但使用的彈藥彈殼比零戰的20mm機槍彈殼還大，大小和現代戰鬥機的20mm火神炮彈殼很相近。一枚子彈的重量有200公克，彈頭重達63.44公克。以28.84公克的火藥發射，初速為1,000公尺／秒。在500公尺遠的距離可以射穿30mm鐵板，在1,000公尺遠處有射穿20mm鐵板的威力。

在第二次世界大戰中，步兵用的反裝甲武器，從反戰車步槍演變成以火箭炮發射錐形裝藥。但俄國在大戰結束後，研發了使用反戰車步槍藥的後座作用方式KPV重機槍，作為輕裝甲車載武器，搭載在BTR系列的裝甲車上。

把KPV作為對空用武器的則是ZPU系列，有單管的ZPU－1、雙管的ZPU－2、4管的ZPU－4等種類。

直到越戰為止，把這些對空機槍，事先配置在敵機會攻擊的地點的話，可以得到一定的戰果。但在現代則無法期望它們的功效。俄軍也幾乎不再使用它們。

但因為這種機槍對裝甲車還是有用的，因此中國軍把這種14.5mm口徑的機槍國產化，並且加以改良、輕量化，在步兵營的機槍連上裝備18～24挺來使用。

※零戰：太平洋戰爭時日本海軍的艦上戰鬥機，裝備有7.7mm機槍和20mm機槍。
※錐形裝藥：將爆炸的能量集中，以高壓穿透戰車等的裝甲的炮彈。

基礎知識篇

手槍篇

步槍篇

衝鋒槍篇

機槍篇

狙擊步槍篇

霰彈槍篇

彈藥篇

在日本也可以用的寶槍篇

中國軍的02式14.5mm機槍

原型的俄國製ZPU-1重達413公斤，被中國改良後，減重到只剩下75公斤。脫殼穿甲彈的初速高達1,250公尺／秒。

THE GUN BIBLE

和「只要多發射幾發的話就有機會打中」的突擊步槍
朝著完全相反的方向進化的是
以一擊必殺為信條的「狙擊步槍」。
狙擊原本就是槍械的魅力所在，
因此有許多作品以狙擊手為題材來創作。
本篇將會交互地說明狙擊的基礎知識
以及傳說的狙擊手的軼事。

狙擊步槍篇

SNIPER RIFLE

戰場上的
狙擊兵（Sniper）

電影『戰略陰謀』、『大敵當前』、
和最近的『狙擊生死線』等等，許多電影中會出現狙擊手。
可以在遠距離殺傷指揮官，讓軍隊產生混亂的狙擊手，
真的是很可怕的存在。

◆「戰場上的殺手」＝狙擊手!?

狙擊步槍上會裝備單筒望遠鏡（一般稱為瞄準鏡），可以用來狙擊肉眼難以射中的遠方目標。

但就算瞄準鏡可以放大敵人的身影，如果沒有相當的技巧的話，子彈還是無法命中目標。讓不習慣射擊的人使用狙擊步槍的話，身體的搖晃度會在瞄準鏡中增加，就像在隨波晃動的小船上持槍一樣，目標也會跟著搖動，這種情況下當然無法扣下扳機。就算開槍了，命中率也是零。

電影『大敵當前』之中，身為主角的蘇聯狙擊兵柴契夫有一幕持著槍，對自己說話的場面：「我是石頭，所以不會動」。

人類的身體，只要還活著，就一定無法靜止下來。

可以試著在玩具槍上裝上瞄準鏡，去瞄準10公尺遠處直徑1mm的圓圈。如果那個1mm的圓可以安定地被鎖定在瞄準鏡的十字線中的話，那麼你也許就有成為狙擊手的資質。

拿著充分試射過的槍，把自己與槍都加以巧妙地偽裝，抱持著動物般的警戒心，就定位在不被敵人發現的射擊位置上。狙擊時必需計算與目標間的距離、氣候條件（彈道會因為側風或溫度的變化而不同）等等各種要素才行。而且現實中，目標也不一定會被放在十字線的中心來狙擊。

然後，把身體像死亡般地靜止，只有食指靜靜地貼在扳機上。

※Telescope：中文是「單筒望遠鏡」

基礎知識篇

手槍篇

步槍篇

衝鋒槍篇

機槍篇

狙擊步槍篇

突擊步槍篇

彈藥篇

在日本也可以用的實槍篇

蘇聯的狙擊手瓦西里 · 柴契夫

狙擊手被稱為「Sniper」的由來，是因為鷸鳥（Snipe）這種鳥的原故。

鷸鳥是種小型水鳥，而且會蜿蜒飛行，就算用霰彈槍也難以擊中。因此可以確實地擊落鷸鳥的射擊好手，就被稱為Sniper。原本是以霰彈槍獵鳥的故事。以步槍狙擊的射擊好手，英語是「Sharp Shooter」，德語是「Scharf Sch tze」，但在第一次世界大戰中，大眾媒體把狙擊兵寫作「Sniper」，之後狙擊兵就一直被稱為「Sniper」了。

基礎知識篇

手槍篇

步槍篇

衝鋒槍篇

機槍篇

狙擊步槍篇

霰彈槍篇

彈藥篇

在日本也可以用的實槍篇

所謂的狙擊步槍是什麼樣的槍？

機槍和突擊步槍
都是為了追求能夠在短時間內發射許多彈藥來打倒敵人而誕生的武器。
和這兩者朝著完全相反的方向進化的槍，
就是狙擊步槍。

◆一擊必中的狙擊步槍

　　槍管的製作方式有許多種，但基本上就是把長鐵棒中間開一個洞。洞穴不一定會穿透鐵棒的正中心，也不一定是完全的一直線。就算在工業精密度高的近代，製作槍管時也還是會有些微的落差。

　　射擊時，火藥會急速地燃燒，產生很高的壓力，所以槍管會產生振動。製作不精良的步槍，槍管的振幅可達0.5mm，這樣的槍管是無法擊中數百公尺遠的直徑10公分圓圈的。

　　為了把振動壓制在最小的範圍內，除了嚴格挑選槍管外，也會使用厚壁的槍管，因此狙擊槍都很沉重。槍身沉重的話，因為後座力而有所偏差的槍械動作也會變少。但這樣一來，狙擊兵就必需帶著沉重的槍行動才行，因此一味追求沉重的槍也是不實用的。

　　過去的狙擊槍托是木製品，但木材容易受溫度、溼度所影響，而且也會因為經年累月的劣化而出現誤差，所以現代的槍托改成以塑膠製作。此外，槍管不會緊黏在槍托上，因為稍微浮動的槍管受振動的影響較少。

　　自動式的槍，彈頭在離開槍管前，槍身內的許多零件會有一連串的動作。對於精密射擊來說，這些動作產生的震動都是不好的。因此狙擊步槍大多是栓式槍機，不過反恐用的狙擊步槍也有自動射擊的種類。

　　射擊的專家用的狙擊槍的扳機，其流暢的程度，是一般士兵使用的突擊步槍所不能比的（也稱為Feather Touch）。

美國陸軍M24
狙擊步槍

口徑：7.62mm（7.62mmNATO子彈）
槍管長：664mm
全長：109.2cm
重量：6.35公斤（含瞄準鏡）
裝彈數：5發

美軍在1988年採用為制式的M24
狙擊步槍，是以栓式槍機的雷明
登M700為基礎製作的。

Leupold瞄準鏡

浮動式槍管
槍管稍微浮起於槍托上，讓
發射時的振動保持在一定之
內，使彈道不會偏離。

可動式槍托底板
可依射手的射擊姿勢來做調整。

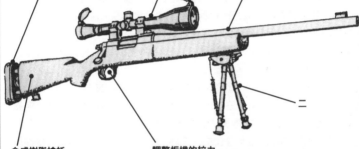

合成樹脂槍托
不易因溫度或濕度等
氣象條件而產生誤差
的塑膠製槍托。

調整扳機的拉力
一般的軍用步槍的扳機拉力（扳機的重
量）是3公斤以上，但狙擊步槍則會調
整到只有一半，約1.5公斤左右。或是把
扳機的部分整個換成精度較高的零件。

美軍採用的
雷明登M700

現代的狙擊步槍，不像過去是從步兵用步槍轉用而來，
而是從一開始就為了狙擊目的而製作。
美軍及自衛隊使用的狙擊槍
都是以雷明登M700為基礎製作的。

基礎知識篇

手槍篇

步槍篇

衝鋒槍篇

機槍篇

狙擊步槍篇

霰彈槍篇

彈藥篇

在日本也可以用的實槍篇

◆合理的栓式槍機步槍

雷明登M700可說是美國代表性的栓式槍機步槍。栓式槍機步槍中有便宜貨也有高級品，但雷明登絕對說不上是高級品。題外話，筆者認為在雷明登之前採用為制式的溫徹斯特M70 Rre'64（在1964年之前製作的M70）才是真正的美國代表性步槍。但溫徹斯特M70，已經在好幾十年前就停產了。

M700並不是高級品，但價格和品質相比之下，算是「買起來很划算」的產品，也因而普及化。和價位相比之下命中率不差，這就是M700作為狙擊槍被警察和軍方大量採用的理由。

也因此，M700的口徑與加工的等級、槍管的粗細、槍托的材質等，有各式各樣的變化版。雖然名為M700，但有截然不同的各種款式。

◆其實在日本也買得到的雷明登M700

美國陸軍採用的M24狙擊槍，或是陸戰隊用的M40狙擊槍，基本上都是從狩獵用的市販M700中，選出被稱為「Varminter」這種重視精密射擊的款式，再略為加工而成。

也就是說，和M24狙擊槍的性能沒有什麼差異的M700，在日本也可以作為獵槍來購買。因為原本M24就是從獵槍轉用而成的軍用武器。

※溫徹斯特M70：被稱為「Pre'64」的1964年前製造的產品是高價的名槍。
※Varminter：獵捕Varmint（北美草原土撥鼠等的小動物）用的狙擊步槍。

基礎知識篇

手槍篇

步槍篇

衝鋒槍篇

機槍篇

狙擊步槍篇

霰彈槍篇

彈藥篇

在日本也可以用的買槍篇

溫徹斯特M70

筆者愛用的栓式狩獵步槍是溫徹斯特M70的「Pre'64」，意思是於1964年之前製造的產品。在現代是高價品，也是美國的代表性栓式步槍。但在1965年之後的M70，為了降低成本，導至品質低落，而被對手的雷明登M700搶走了市場。

雷明登M700

雷明登M700系列的步槍有好幾個缺點，最常被指出的是「彈匣不是拆卸式」。也就是說要把子彈裝入彈匣時，必需一發一發地裝入才行。為了解決這個問題，市面上販售著類似精密國際L96般，可以裝在雷明登M700上，可裝入拆卸式彈匣的拇指孔型槍托的套件。不過會生產這些套件，也是因為愛用M700的射手很多的原故。

基礎知識篇

手槍篇

步槍篇

衝鋒槍篇

機槍篇

狙擊步槍篇

霰彈槍篇

彈藥篇

在日本也可以用的實槍篇

俄國的狙擊步槍
SVD德拉古諾夫

由前蘇聯所研發，
在現代也被使用著的代表性俄製狙擊步槍，就是德拉古諾夫。
半自動式，並且可以裝上刺刀的這款步槍，
設計構想和西方諸國的狙擊步槍大不相同。

◆雖可說是狙擊槍……!?

　SVD—也因設計者之名而被稱為德拉古諾夫的這款槍，是在1963年被前蘇聯制式化的半自動狙擊步槍。使用的是自帝俄時期以來就被步兵步槍或機槍使用的7.62×54mmR這種比AK威力強約2倍的子彈。機匣部分是以AK47為基礎製造，因此感覺上像是AK的放大版。就算加上瞄準鏡，重量也只有4.3公斤，比64式小銃還輕，但因為全長很長，所以前端感覺很重，如果士兵的體格不夠好，也許不容易穩定地持槍。

　瞄準鏡不是十字線的方式，而是採用「ㄱ」形瞄準點，上有輔助刻度，可以隨著距離來改變狙擊點。4倍的倍率對一些「以實用來說的話這樣差不多剛好」的人來說也許已經夠用了，但對平常用慣了更大倍率的筆者來說，有點不足的感覺。

　扳機的部分和其他的狙擊步槍相同，很是流暢。光就扳機觸感而言比64式小銃好上許多。在射擊方面，以自動槍來說後座力很強。雖然後座力強，但因為氣體活塞被設計在槍管上，所以因後座力而產生的上揚不大，可以迅速地裝填第二發子彈。

　最重要的命中精度的部分，則不太夠格被當成狙擊槍。作為獵槍在市面販賣的白朗寧步槍的命中精度還比SVD更好。德拉古諾夫雖說是狙擊槍，但比起歐美眼中的狙擊槍—用來狙擊遠距離外的重要目標的槍，還不如說是用來支援命中精度低的AK的班用支援武器。

※德拉古諾夫：艾伏堅尼伊·費多洛維奇·德拉古諾夫。俄國的槍枝設計者。

基礎知識篇

手槍篇

步槍篇

衝鋒槍篇

機槍篇

狙擊步槍篇

霰彈槍篇

彈藥篇

在日本也可以用的實槍篇

SVD德拉古諾夫

口徑：7.62mm（7.62×54mmR）
槍管長：622mm
全長：122.5cm
重量：4.31公斤
裝彈數：10發（拆卸式盒型彈匣）

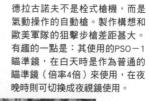

德拉古諾夫不是栓式槍機，而是氣動操作的自動槍。製作構想和歐美軍隊的狙擊步槍差距甚大。有趣的一點是：其使用的PSO－1瞄準鏡，在白天時是作為普通的瞄準鏡（倍率4倍）來使用，在夜晚時則可切換成夜視鏡使用。

基礎知識篇

手槍篇

步槍篇

衝鋒槍篇

機槍篇

狙擊步槍篇

霰彈槍篇

彈藥篇

在日本也可以用的實槍篇

反恐特種部隊使用的
PSG－1

在電玩『潛龍諜影』、『火線獵殺』等作品中登場的
自動狙擊步槍，就是H&K PSG－1。
為何要研發比栓式槍機的命中精度低的
自動式狙擊槍呢？

◆研發自動式的理由是!?

自動槍的命中精度是很難和栓式槍機的槍相比的。當然把槍一把一把分開比較的話，自動槍中也有命中率高的槍，栓式槍機中也有命中精度差的槍。但整體來說，自動槍的命中精度，是比不上同樣價格、同樣重量的栓式槍機的。

如果要問為什麼，那是因為：栓式槍機的構造簡單，因此在同樣重量的條件下，槍管可以做得較厚，扳機也可以做得較流暢。以同樣價格製造的栓式槍機，因為構造單純，所以可以更加仔細地加工。此外，自動槍的彈頭在離開槍管前，槍身內部會有許多零件在動作，這些零件的振動也會影響命中精度。

1980年代中期，德國的H&K公司製造出了自動射擊的PSG－1來作為反恐部隊用的狙擊槍。一挺的價格約100萬日圓，重量有8公斤之多。同樣命中精度的栓式槍機狙擊槍，價格只要30萬日圓，重量也只有4公斤左右。

為什麼要特地研發這樣的自動式狙擊步槍呢？因為這款槍不是讓軍隊使用，而是作為反恐作戰用槍而製造的。栓式槍機所需的裝填時間，不管怎樣都無法快到哪裡去。如果是PSG－1的話，就算第一發子彈不能擊倒挾持人質的恐怖分子，也可以立即補上第二槍。或是當恐怖分子不只一人的時候，可以迅速地射出第二、第三發的子彈。

※PSG－1：PSG是德語「精密狙擊槍」的簡稱。這款狙擊槍據說也被日本警察的特殊急襲部隊SAT裝備使用。

基礎知識篇

手槍篇

步槍篇

衝鋒槍篇

機槍篇

狙擊步槍篇

霰彈槍篇

彈藥篇

在日本也可以用的實槍篇

H&K PSG－1

口徑：7.62mm（7.62×51mm NATO子彈）

槍管長：650mm

全長：120.8cm

重量：8.1公斤

裝彈數：5發／20發（拆卸式盒型彈匣）

RSG－1雖有8.1公斤之重，但具有在100公尺遠處擊中直徑2公分、300公尺遠處擊中直徑6公分的圓圈的命中精度。

基礎知識篇

手槍篇

步槍篇

衝鋒槍篇

機槍篇

狙擊步槍篇

霰彈槍篇

彈藥篇

在日本也可以用的實槍篇

最強的狙擊手傳說

在日本，最有名的狙擊手是漫畫『哥爾哥13』的主角。
但在現實中，戰場上也有被敵人稱為「死神」而恐懼的
超人般的狙擊手們。
他們的才能可說必需在戰場上才能開花結果。

◆成為傳說的「戰場上的死神」們

在歷史上，殺死最多敵人的狙擊兵，首推芬蘭軍的席摩‧海赫。他在第二次世界大戰，蘇聯侵略芬蘭的「冬季戰爭」中，於100日間擊殺了505名敵軍。他所屬的部隊以34名的人數對抗4,000名的蘇聯軍，並成功守住了陣地。

海赫使用的槍是俄國製的莫辛－納甘M28步槍，沒有加裝瞄準鏡。海赫除了以這把槍創下了擊殺505名敵軍的記錄之外，也以衝鋒槍擊斃了超過200名的敵兵，包含未確認戰果的話，共有超過1,000名的俄軍被海赫殺傷。

德軍狙擊兵的最高記錄，則是馬豪斯‧海茨瑙亞的345人。他使用的是毛瑟98加上6倍瞄準鏡，以及G43加上4倍瞄準鏡兩種狙擊槍。

俄軍的最高記錄是女性狙擊兵柳德米拉‧M‧帕夫里琴科的309人。她使用的是莫辛－納甘和SVT－40。

電影『大敵當前』的主角瓦希里‧柴契夫的擊殺人數是257人。

長距離狙擊的記錄是由美國海軍陸戰隊的卡羅斯‧海斯卡克創下。他在越戰中以M2重機槍在半自動模式下，擊殺了2,300公尺遠的敵人。

如果是以一般的步槍上裝備瞄準鏡作為狙擊槍使用的話，越戰初期時沃恩‧尼克爾曾使用M1－D步槍（M1加蘭德的狙擊型）創下1,100公尺距離狙擊的記錄。

※卡羅斯‧海斯卡克：據說是『戰略陰謀』系列的主角湯瑪斯‧貝克的模特兒。

□ 最強的狙擊手傳說

基礎知識篇

手槍篇

步槍篇

衝鋒槍篇

機槍篇

狙擊步槍篇

霰彈槍篇

彈藥篇

在日本也可以用的實槍篇

第二次世界大戰時，前蘇聯軍中存在著女性士兵，尤其有許多的女性狙擊手。蘇聯將這些女兵們的活躍事跡廣用於宣傳方面。

狙擊兵會穿上稱為吉利服的偽裝服來隱藏自己，屏息以待，狙擊目標。有如戰場上的死神。

做好完全偽裝的狙擊兵。當然也會注意不讓槍管產生反光，如此一來可以和四周完全融合在一起。

基礎知識篇

手槍篇

步槍篇

衝鋒槍篇

機槍篇

狙擊步槍篇

霰彈槍篇

彈藥篇

在日本也可以用的實槍篇

反戰車步槍和
反物資步槍

作為反裝甲武器研發的反戰車步槍，
被以化學能量來穿透裝甲的錐形裝藥取代。
但在現代，反戰車步槍作為攻擊輕裝甲車和直昇機用的
「反物資步槍」而復活了！

◆50口徑（12.7mm）的怪物級狙擊步槍

第一次世界大戰～第二次世界大戰之間，出現了12.7mm和14.5mm口徑的反戰車步槍。但因為戰車的裝甲技術的提升，反戰車步槍已無用武之地。不過這種類型的狙擊槍具有從遠方射擊的高精確度。

12.7mm子彈重量是7.62mm子彈的約5倍之多。重量大這件事也代表著，在遠距離射擊時，不會因為空氣阻力而降低彈頭的飛行速度。

7.62mm子彈和12.7mm子彈從槍口射出時的初速是差不多的，但飛行到2,000公尺的距離，7.62mm子彈所需的時間是7.6秒；12.7mm子彈則只需要4.3秒就可到達。為了對抗地心引力，所以射擊時槍管必需朝上發射，彈道的拋物線會因此變大。7.62mm子彈的拋物線可達7公尺高，但飛行時間短的12.7mm子彈，彈道的頂點只有2.5公尺。飛行時間短的話，受側風影響的時間也會變短，此外彈頭重量夠的話，也不容易被風吹走。

在民間，有人以製造這類大口徑步槍射擊為樂。前述的卡羅斯‧海斯卡克也是在12.7mm機槍裝上瞄準鏡，在半自動模式下達成遠距離射擊的記錄。從20世紀末起，製造12.7mm狙擊槍似乎變成一種流行。

12.7mm狙擊槍中有名的，應該是反物資步槍巴雷特M82。

巴雷特M82反物資步槍

口徑：12.7mm
　　　（12.7×99mm NATO子彈）
槍管長：737mm
全長：144.8cm
重量：12.9公斤
裝彈數：10發

基礎知識篇

手槍篇

步槍篇

衝鋒槍篇

機槍篇

狙擊步槍篇

霰彈槍篇

彈藥篇

在日本也可以用的實槍篇

　　50口徑（12.7mm）這種大口徑的狙擊槍，使用的是比一般的步槍子彈大上5～10倍的巨大彈藥。因為世人會譴責「這種武器可以用在人身上嗎？」，所以名目上是「反物資（Material）步槍」。有些人認為以這種大口徑步槍攻擊人類是違反國際法的行為，但實際上並沒有具體的條文禁止把大口徑槍械使用在人類身上。因為戰爭本來就會以大炮攻擊敵兵。

運動用步槍可以在實戰中使用嗎？

把射擊精度提升到最高的運動用步槍
作為狙擊步槍使用的話應該會很優秀才是。
雖然大家都曾這麼想過，
但特化成運動用的步槍，和實際在戰場使用的步槍之間有很大的鴻溝。

◆運動用步槍是終極的狙擊槍!?

　　運動用步槍雖然是運動用品，但子彈還是藉著火藥來飛行，自然也具有殺傷力。由於目的是運動競賽，所以只要在紙靶上射出洞穴就行，但如果射擊距離是300公尺，雖然競賽中受溫度、濕度、風向等的影響較小，但還是必需以相當的高速，才能讓具有重量的彈頭發射出去並擊中遠方的標靶。這樣一來，使用的彈藥威力就和軍用步槍差不多了。而且運動用步槍是在奧運中可以獲得優勝的高精度步槍……也就是說，運動用步槍有資格成為「終極的狙擊槍」？

　　事實上，把運動用步槍直接作為狙擊槍使用，是很困難的。因為運動用槍上沒有保險裝置（把槍瞄準目標後再裝入子彈就行，所以不需要保險裝置），也沒有彈匣。

　　在射擊比賽裡，選手來到射擊位置之前，槍是放在搬運箱裡的。比賽開始後，只要以立射、跪射、臥射三種姿勢完成射擊的話，不管以什麼方式持槍都可以（當然也不能違反比賽規則）。但實戰用的槍，在設計上必需考慮到如何才能方便地取用。因此，雖然有些狙擊槍是以運動用槍為基礎製造的，但運動用槍是不能直接轉用成狙擊槍的。

※立射、跪射、臥射三種姿勢：立射（Standing）顧名思義是站著射擊。
　跪射（Kneeling）是單膝跪地來進行射擊。
　臥射（Prone）則是趴在地面上射擊。

雖然軍用步槍也有
立射、跪射、臥射三種姿勢，但…！

以軍用栓式槍機步槍
立射
（Standing）

以軍用栓式槍機步槍
跪射
（Kneeling）

以軍用栓式槍機步槍
臥射
（Prone）

特化為運動用的槍，命中精度雖然高於軍用槍，
但在實戰中是沒有多大用處的。
為了運動比賽而製造的步槍不能直接轉用成為軍用狙擊槍。

基礎知識篇

手槍篇

步槍篇

衝鋒槍篇

機槍篇

狙擊步槍篇

霰彈槍篇

彈藥篇

在日本也可以用的實槍篇

基礎知識篇

手槍篇

步槍篇

衝鋒槍篇

機槍篇

狙擊步槍篇

霰彈槍篇

彈藥篇

在日本也可以用的實槍篇

可以視破黑暗的
夜視鏡

瞄準鏡是構成狙擊步槍的重要要素。
關於瞄準器與瞄準鏡，
已經在第一章的基礎知識中提過了，
本單元要解說的是，在黑暗中也能視物的夜視鏡。

◆為了在黑暗中視物而採取的幾種方法

裝在步槍上的瞄準鏡，會以大鏡片來聚光，因此在肉眼難以視物的昏暗光線中，透過瞄準鏡的話還是能夠進行狙擊。但在真正的夜晚，光是靠瞄準鏡還是無法辨視物體的，因此研發可以在黑夜中狙擊的夜視裝置是必然的趨勢。

第二次世界大戰末期所研發的夜視裝置，是以大型的紅外線燈來照射目標。這種裝置的電池和紅外線燈都很巨大，不易搬運。而且我方主動以紅外線照射，如果敵方也有同樣的裝置的話，效果就和用普通的手電筒打光一樣了。

因此在越戰時研發了微光夜視裝置（星光夜視鏡），只要有星光般微弱的光線，就能以電力來增幅至數萬倍之高（當然在完全黑暗的地下室等場所是無法使用的）。這種微光增幅方式是目前夜視鏡的主流，雖然最近降價了，但還是很高價的東西。防衛預算很少的自衛隊，一個連也不知道能有多少個星光夜視鏡。

但科技的進步日新月異，最近，熱成像方式的夜視鏡（熱成像儀）也登場了。這是在電視的科學節目中也可以看到，把體溫轉成影像的方式。這種夜視鏡不但可以在黑暗中視物，就算對方把草木披在身上做偽裝，也能加以視破。但這種裝置非常昂貴，裝在槍上有點太不值得的感覺。

※星光夜視鏡：從這種裝置看到的影像，很像是品質不佳的黑白影像。

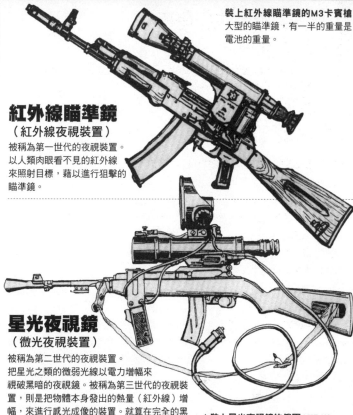

裝上紅外線瞄準鏡的M3卡賓槍
大型的瞄準鏡，有一半的重量是
電池的重量。

紅外線瞄準鏡
（紅外線夜視裝置）

被稱為第一世代的夜視裝置。
以人類肉眼看不見的紅外線
來照射目標，藉以進行狙擊的
瞄準鏡。

星光夜視鏡
（微光夜視裝置）

被稱為第二世代的夜視裝置。
把星光之類的微弱光線以電力增幅來
視破黑暗的夜視鏡。被稱為第三世代的夜視裝
置，則是把物體本身發出的熱量（紅外線）增
幅，來進行感光成像的裝置。就算在完全的黑
暗中也能辨視物體。

▲裝上星光夜視鏡的俄軍AK74N
和第一世代比起來已經小型化了，但還
是很巨大礙事。

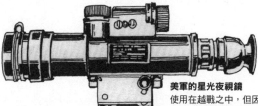

美軍的星光夜視鏡
使用在越戰之中，但因為是類比增幅的
方式，所以解析度難以提高。

基礎知識篇

手槍篇

步槍篇

衝鋒槍篇

機槍篇

狙擊步槍篇

霰彈槍篇

彈藥篇

在日本也可以用的實槍篇

CHAPTER. **7**

從狩獵用槍被改良為對人用武器，「霰彈槍」
是現代世界各國的警察機構及特種部隊愛用的武器。
以動作片中常出現的「SPAS 12」為首，
最近「伊薩卡」、「伯奈利」等的
演出機會也增加了。
原因是飛散的霰彈碰到門等障礙物時，
可以簡單地打破它們，破壞力超群，
看起來很豪爽痛快。
這種在動作片中不可或缺的「霰彈槍」，
是怎樣的槍呢？

霰彈槍篇
SHOTGUN

基礎知識篇

手槍篇

步槍篇

衝鋒槍篇

機槍篇

狙擊步槍篇

霰彈槍篇

彈藥篇

在日本也可以用的實槍篇

霰彈槍和步槍
有什麼不同呢？

霰彈槍給人的印象，
是美國影劇裡警車中必備的槍。
這種槍和其他的槍
在構造與特性上有很大的不同。

◆霰彈槍原本是狩獵用途

霰彈槍原本是用來射擊飛行中鳥類的槍。使用的彈藥（霰彈槍彈）和手槍或步槍完全不同，是在一個彈殼中裝入數十～數百顆小米般大小的球狀彈頭（霰彈），以這些彈頭把鳥兒網住般地將其擊落。

霰彈槍的種類如右圖，有並排式、疊排式、泵動式槍機（滑動槍機）、自動式等種類。霰彈槍的特色是，槍管沒有刻上膛線（＝滑膛槍），因此和步槍相比，槍管的管壁較薄。此外槍口上有收束器，可以依收束程度來調整霰彈的分布形態。上下疊排和水平並排的雙管槍，可以分別使用近距離用／遠距離用的收束器。

◆「12口徑的霰彈槍」是錯誤的說法？

目前為止介紹過的手槍或步槍等槍種，都是以「口徑」來表示槍口的大小，但霰彈槍的槍口大小是以「鉛徑（Gauge）」來表示。有10號、12號、16號、20號、410號等種類（數字越大，槍口就越小）。最常見的12號鉛徑，其槍管內徑的直徑是18mm。這種鉛徑和步槍等的口徑單位不同，因此「12口徑的霰彈槍」是不存在的。

※收束器：參照第208頁。
※鉛徑：只有410鉛徑是以英寸來表示直徑（0.410英寸）。槍管的內徑是10.4mm。

◎霰彈槍的種類

[並排式]

霰彈槍原本就是以雙管槍的形式誕生。將兩柄槍管水平排列的模式是最早出現的霰彈槍造型，現在已經很少使用這種方式了。

[疊排式]

把兩柄槍管垂直排列的槍，適合用在飛靶射擊之類的運動競賽之中。是從初學者到老手都愛用的形式。

[泵動式槍機]

操作槍管下方的前護木來手動進行退殼與上膛的霰彈槍。也稱為壓動式槍機或滑動槍機。這種動作方式確實而且可靠，適合狩獵或戰鬥用途。

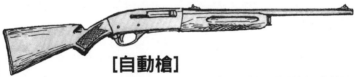

[自動槍]

和步槍與手槍相比，霰彈槍自動化得較遲，但在現代，自動式的霰彈槍也已經普及了。大部分的運作方式都是氣動操作，不過也有利用慣性後座力的槍。

◎霰彈槍的特色

●沒有膛線，發射複數的球狀彈頭（也可以發射單發子彈）。

●以槍口附近的收束器來調整霰彈的分布形態。

●霰彈槍的口徑和手槍、步槍不同，是以「第幾號鉛徑」來表示。

基礎知識篇

手槍篇

步槍篇

衝鋒槍篇

機槍篇

狙擊步槍篇

霰彈槍篇

彈藥篇

在日本也可以用的實槍篇

基礎知識篇

手槍篇

步槍篇

衝鋒槍篇

機槍篇

狙擊步槍篇

霰彈槍篇

彈藥篇

在日本也可以
用的實槍篇

霰彈槍的收束器和分布形態

霰彈槍的槍管上沒有膛線。
所以不像步槍那樣是以彈頭旋轉來保持飛行的穩定，
而是以許多飛散的彈頭來命中目標。
收束器的功能，就是調整霰彈飛散時的分布形態。

◆決定霰彈分布形態的裝置

霰彈槍的槍管不是單純的直筒狀，在接近槍口的部分，內徑會稍微變細。這個部分被稱為「收束器」，用來調整霰彈的分布形態。

最強的收束種類稱為「Full」，使用12號鉛徑（口徑18.5mm）的槍管時，槍口附近會縮至17.5mm。完全沒有收束的種類稱為「Cylinder」，因為沒有收束，所以發射出去的霰彈，中間部分的密度會變低（雖然不到甜甜圈的程度）。也因此出現了稍微收束一點的「Improved Cylinder」，是一般使用的緩和型收束器。介於兩者之間的是「Half Choke」，介於Full和Half之間的是「Quarter Choke（1／4）」。

收束強的收束器，射擊時霰彈的分布範圍較窄，彈頭可以飛行得較遠（不過對霰彈槍來說的「遠距離」，有效射程也只有45公尺左右）。收束較弱的收束器，射擊時霰彈的分布範圍較廣，但彈頭只能近距離飛行（有效射程25公尺左右）。也就是說，收束器會影響有效射程的遠近。

雁鴨之類的水鳥通常是從遠方射擊，因此使用Full Choke之類較強的收束器；雉雞或鴿子等能夠相對近距離射擊的獵物，則是以Half Choke或Improved Cylinder來射擊。

在過去，槍管前端的收束器是固定的，所以要改變收束大小時必需更換槍管，現在則有以螺絲栓在槍口，可以直接替換的收束器。

◎霰彈槍的收束器

收束器

設置在槍口附近的收束如果較強，那麼霰彈的分布就會較窄。收束得較弱，或是不加以收束的話，霰彈的分布就會較廣。收束強不等於好，必需視目標或獵物的種類來選擇收束模式。

基礎知識篇

手槍篇

步槍篇

衝鋒槍篇

機槍篇

狙擊步槍篇

霰彈槍篇

彈藥篇

在日本也可以用的霰槍篇

基礎知識篇

手槍篇

步槍篇

衝鋒槍篇

機槍篇

狙擊步槍篇

霰彈槍篇

彈藥篇

在日本也可以用的實槍篇

霰彈槍的
彈藥特色

霰彈槍所發射的是霰彈槍彈這種特殊的彈藥。
手槍或步槍的子彈是「Cartridge」，
霰彈槍的子彈則是「Shotshell」，
這兩種子彈是完全不同的東西。

◆子彈的區分和種類

　　手槍或步槍無法擊發和口徑不合的彈藥，基本上霰彈槍也無法射擊鉛徑不合的子彈。例如20鉛徑的霰彈槍無法擊發12鉛徑的霰彈槍彈。

　　除了這樣以鉛徑來把子彈做分類之外，也可以依彈殼內裝填的霰彈大小來做區分。一個霰彈彈殼內可以裝填許多霰彈（Pellet），霰彈的顆粒越小，裝填數就越多；顆粒越大，裝填數就越少。

　　狩獵鳥類或飛靶射擊時使用的鳥彈（Birdshot）裝入的霰數有數百顆，獵鹿或山豬等中～大型獸類時使用的鹿彈（Buckshot），使用的霰彈相對較大，是6～9顆裝。除此之外也有不是霰彈，而是單顆彈頭的重彈頭（Slug）。

　　因為鳥彈內有數十～數百顆霰彈，也許會給人不必特別瞄準也能命中的感覺。但實際射擊的話意外地是很困難的事。距離太近的話霰彈無法擴散，所以不瞄準的話就無法擊中。距離太遠的話霰彈太過擴散，無法成為包圍網，就算把目標包圍住了，也可能連一顆霰彈都沒打中獵物。

　　大略地來說，霰彈的有效射程是40公尺左右。當然這是擊落鳥類所需的距離，如果是流彈的話，就算距離100公尺以上，也有劃破人類皮膚的威力在，必需小心注意。

※重彈頭（Slug）：單顆彈頭，用來狩獵山豬或熊等大型獸類。但因為霰彈槍沒有膛線，所以不適合像步槍般做遠距離射擊。

◎霰彈槍彈（Shotshell）的構造

　　圖中的是稱為鳥彈（Birdshot）的霰彈，除此之外還有獵鹿等獸類用的鹿彈（Buckshot）、單顆彈頭的重彈頭（Slug）等等。

　　霰彈是金屬製的小顆粒，在過去是以鉛來製作，但因為鉛有公害問題，所以現在改用銅或鐵等的金屬來製作。

　　除此之外，也有非致死性的橡膠彈、軟木彈、催淚彈等等，可以發射各種彈藥是霰彈槍的特色。也因此，霰彈槍除了軍事用途之外，也是警察用來鎮壓暴徒、維持治安時使用的裝備。

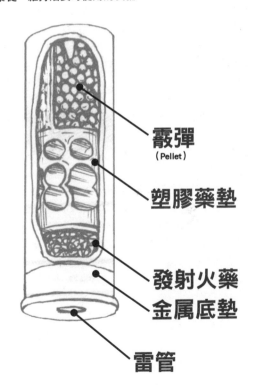

霰彈
（Pellet）

塑膠藥墊

發射火藥

金屬底墊

雷管

基礎知識篇

手槍篇

步槍篇

衝鋒槍篇

機槍篇

狙擊步槍篇

霰彈槍篇

彈藥篇

在日本也可以用的實槍篇

基礎知識篇

手槍篇

步槍篇

衝鋒槍篇

機槍篇

狙擊步槍篇

霰彈槍篇

彈藥篇

在日本也可以用的實槍篇

作為對人武器的霰彈槍

把狩獵用的霰彈槍積極地作為軍用槍使用的國家是美國。
在塹壕戰中活躍的霰彈槍也被稱為「Trench Gun」。
那麼，把霰彈槍作為對人武器使用時，
該裝填什麼樣的彈藥才好呢？

◆作為軍用槍的霰彈槍

德國因為第一次世界大戰的塹壕戰經驗，製造出了衝鋒槍。但美國則是把霰彈槍投入塹壕戰使用，並取得了戰果。歐洲國家認為霰彈槍是「殘忍的武器」，不在戰爭中使用；但傳統上一直把霰彈槍當作自衛用武器的美國，則把霰彈槍採用為軍隊的制式裝備，從第二次世界大戰到越戰，甚至現在也持續地使用。

◆作為對人武器使用時的霰彈槍彈

前面已經介紹過，霰彈槍用的彈藥有鳥彈、鹿彈、重彈頭等許多種類。但作為對人武器使用時，鹿彈是最適合的彈藥。鹿彈的霰彈依大小有「B」、「BB」、「00B」的3個種類，作為對人武器時，最常使用的是大顆粒的「00B」。這種尺寸的顆粒很適合裝在12號鉛徑的彈殼中，1層3顆×3層，共可裝入9顆霰彈（因此也被稱為9粒彈）。此外也有裝入12顆霰彈的強裝彈或3英寸麥格農霰彈等等。

霰彈殼的長度通常是70mm，但12號鉛徑的藥墊就算做得最薄，也只能裝入40公克的霰彈。3英寸麥格農的彈殼長度是76mm，可以裝入52公克的霰彈。當然子彈重的話，發射時的後座力就會變大，發射52公克的麥格農霰彈時肩膀會很痛，但習慣之後其實不會有什麼大問題。不管怎麼說，霰彈槍作為對人武器時，一次會發射至少9顆以上的直徑8mm左右的彈頭，因此霰彈槍在近身戰時是威力強大的武器。

※Buckshot：Buck是公鹿的意思。

◎塹壕戰和霰彈槍（M1897 Trench Gun）

　　Trench是塹壕的意思。M1897是泵動式槍機，可以裝備刺刀來戰鬥的軍用霰彈槍。第一次世界大戰時，霰彈槍被美軍投入塹壕中使用，效果很好。溫徹斯特、雷明登、伊薩卡、Stevens、Savage等，各生產商的泵動式霰彈槍（全都是12號鉛徑）都被帶到戰場使用。

●霰彈槍可以作為對人武器使用嗎？

● 雖然霰彈槍無法用在遠距離射擊或精密射擊的用途上，但在極近距離時的威力相當大。

● 鉛徑是12號。使用鹿彈的話，作為對人武器相當有效。

基礎知識篇

手槍篇

步槍篇

衝鋒槍篇

機槍篇

狙擊步槍篇

霰彈槍篇

彈藥篇

在日本也可以用的實槍篇

基礎知識篇

手槍篇

步槍篇

衝鋒槍篇

機槍篇

狙擊步槍篇

霰彈槍篇

彈藥篇

在日本也可以用的實槍篇

洛杉磯市警察也使用的
伊薩卡M37

作為狩獵用槍的霰彈槍，
在美國的西部拓荒史中，是一種生活工具。
這種可靠度高的槍，後來也變成了軍、警用槍。
伊薩卡M37就是這樣的霰彈槍。

◆雖然名字像是日本產品，但是美國產的槍

舉例來說，射擊屋後小河中的野鴨當作晚餐，在美國，霰彈槍就是這樣的日常生活用具。伊薩卡是一款注重這種實用性，以合理的價格販賣剛健質樸產品的霰彈槍製造商。伊薩卡在過去曾製造過中折式的單發或雙管霰彈槍，也生產過22口徑的步槍，不過最具代表性的還是M37泵動式霰彈槍，甚至給世人的印象是這公司只生產這款槍（M37有各種衍生版本）。

大部分的槍，在機匣旁邊都有退殼口（排出發射後的空彈殼的部位），但M37並沒有這個部分。而是從機匣下方裝填子彈用的裝彈口來退殼。

一般的槍是從右方退殼，對左撇子的人來說，會變成空彈殼飛到臉上的情況。因此空彈殼從下方退出的M37，對左撇子來說是很好用的。此外因為沒有退殼口，槍枝側面的強度較高，所以可以削減鐵壁的厚度。也因此，槍管可以做得較細較輕。雖然不太適合用來做飛靶射擊，但在釣魚時帶著防身，避免被熊襲擊─是這種非常符合美國鄉村風格用途的槍。在日本，有時也可以見到以這款槍來狩獵的人。

伊薩卡M37除了民間使用之外，也被美軍採用，同時也是以LAPD為首，被警察採用的暢銷霰彈槍。

※伊薩卡（Ithaca）：美國的生產商。Ithaca的由來是公司設立時紐約州的地名。

基礎知識篇

手槍篇

步槍篇

衝鋒槍篇

機槍篇

狙擊步槍篇

霰彈槍篇

彈藥篇

在日本也可以用的實槍篇

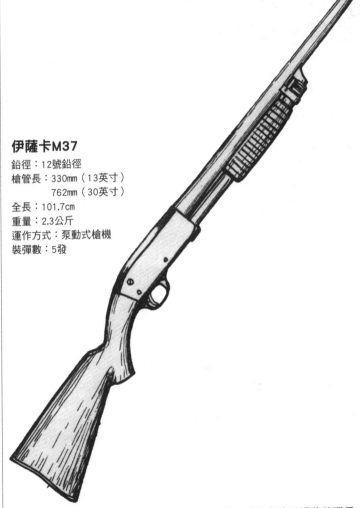

伊薩卡M37

鉛徑：12號鉛徑
槍管長：330mm（13英寸）
　　　　762mm（30英寸）
全長：101.7cm
重量：2.3公斤
運作方式：泵動式槍機
裝彈數：5發

　　伊薩卡M37原本是單純的獵槍，但美國的軍、警很常使用這些狩獵用霰彈槍，因此伊薩卡M37也被用在戰場上。歐洲人認為這是「把對付獸類用的槍拿來打人」而有抵抗感。警察採用的伊薩卡M37和獵槍版沒有兩樣，軍用版則有加裝護弓或刺刀等的種類。

基礎知識篇

手槍篇

步槍篇

衝鋒槍篇

機槍篇

狙擊步槍篇

霰彈槍篇

彈藥篇

在日本也可以用的買槍篇

經典霰彈槍
雷明登M870

聽過「雷明登」這名字的讀者應該很多吧？
其產品—在電玩『惡靈古堡』中也有登場的M870
可以說是泵動式霰彈槍的經典款，
是在美國的動作片中不可或缺的霰彈槍。

◆堅固且可靠的雷明登霰彈槍

　　美國的雷明登公司是從前膛槍時代就開始生產槍械的老字號生產商。生產種類繁多，霰彈槍有上下雙管疊排的M396、自動式的M1100和M11－87、泵動式的M870等等。如果除了狩獵外，也想從事飛靶射擊的話，比起伊薩卡，雷明登的霰彈槍會是比較好的選擇。前護木的穩定感佳，而且對手腕較短的人來說也很容易操作；握柄較細，手掌小的日本人也不覺得難用。因為這些理由，所以筆者喜歡使用雷明登的霰彈槍。

　　霰彈槍彈就算鉛徑相同，裝填的霰彈數量也有多有少，與霰彈數量成比例的火藥量自然也有多有少，因此彈藥種類很多。想讓這些不同的彈藥在猛暑或寒冬中以自動射擊模式流暢地射擊是很難的，但雷明登的自動射擊的可靠度很高，筆者曾以彈殼縮短到2/3的手裝彈來做實驗，某日本製自動槍無法流暢地動作，但雷明登則沒有這樣的問題。

　　就算如此，要說可靠度的話，手動操作的泵動式槍機一定比自動式更加可靠，因此在美國，泵動式M870的愛用者很多（日本則是自動式的使用者壓倒性地多）。雷明登M870也和伊薩卡M37一樣，被美國警察及軍隊採用。

※雷明登公司：現在已經退出了手槍市場，以製造步槍、霰彈槍及其彈藥為中心。

基礎知識篇

手槍篇

步槍篇

衝鋒槍篇

機槍篇

狙擊步槍篇

霰彈槍篇

彈藥篇

在日本也可以用的實槍篇

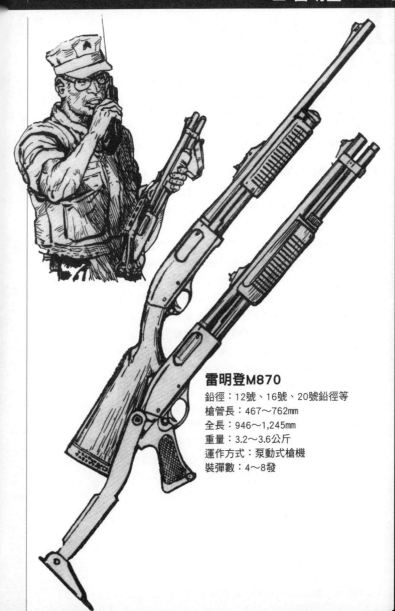

雷明登M870

鉛徑：12號、16號、20號鉛徑等
槍管長：467～762mm
全長：946～1,245mm
重量：3.2～3.6公斤
運作方式：泵動式槍機
裝彈數：4～8發

動作方式獨特的
伯奈利

基礎知識篇

手槍篇

步槍篇

衝鋒槍篇

機槍篇

狙擊步槍篇

霰彈槍篇

彈藥篇

在日本也可以用的實槍篇

自動霰彈槍有連射速度慢的缺點。
對此，義大利的伯奈利公司
採用了獨特的動作方式，在提升射速上取得了成功。
但這種方式在作為軍用槍使用時卻意外地成為弱點!?

◆慣性後座是很優秀的方式，但……

　　伯奈利作為霰彈槍生產商很有名，不過最近也生產ARGO等的步槍。大部分的自動霰彈槍都是氣動操作方式，但這種方式必需清掃活塞等的運動部分才行，而且前護木也有被發射藥的殘渣污染的缺點。

　　伯奈利研發的自動霰彈槍M1 Super 90的特色是：名為慣性後座的的特殊後座作用運作方式。M1 Super 90的槍栓和栓頭是分開的，發射的後座力讓槍後退時，槍栓會因為慣性而留在原處，相對地向栓頭前進，藉此解除閉鎖。如此一來，槍管中殘留的氣體壓力就會把彈殼吹走─這種動作方式受發射氣體的污染較少，清理簡單。零件也少，因此槍身較輕。從強裝彈到減裝彈都可以流暢地射擊，後座力的感覺也小。優點很多，所以銷售得相當好。飛靶射擊用的24公克霰彈槍彈會有動作不良的情形（不過可以用交換較重的槍機拉柄來解決這個問題），M3則是像SPAS一樣，可以切換成自動或泵動式。

　　但接受美軍的要求而製造的M4 Super 90，採用的卻不是慣性後座方式，而是氣動操作。雖然軍用霰彈槍不會使用飛靶射擊用的彈藥，但軍用槍有時會抵在腰部射擊。利用後座力的槍，如果不抵在肩上的話，有時運作會不夠流暢。有些人認為就是因此，M4才會採用氣動操作的方式。M4也省略了泵動式槍機的功能。

※伯奈利：現在被同為義大利生產商的貝瑞塔吸收為旗下。
※SPAS：參照第220頁。

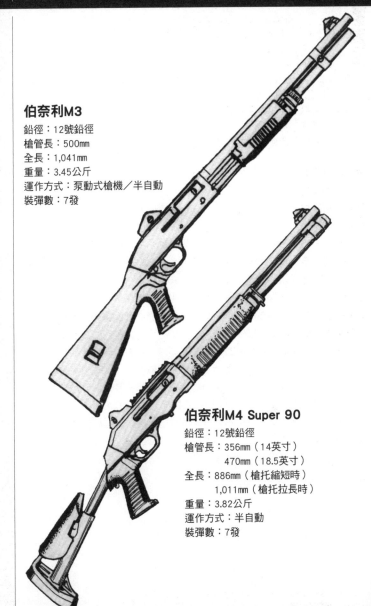

伯奈利M3

鉛徑：12號鉛徑
槍管長：500mm
全長：1,041mm
重量：3.45公斤
運作方式：泵動式槍機／半自動
裝彈數：7發

伯奈利M4 Super 90

鉛徑：12號鉛徑
槍管長：356mm（14英寸）
　　　　470mm（18.5英寸）
全長：886mm（槍托縮短時）
　　　1,011mm（槍托拉長時）
重量：3.82公斤
運作方式：半自動
裝彈數：7發

基礎知識篇

手槍篇

步槍篇

衝鋒槍篇

機槍篇

狙擊步槍篇

霰彈槍篇

彈藥篇

在日本也可以用的實槍篇

在『魔鬼終結者』、『企業傭兵』中活躍的 SPAS 12

基礎知識篇

手槍篇

步槍篇

衝鋒槍篇

機槍篇

狙擊步槍篇

霰彈槍篇

彈藥篇

在日本也可以用的實槍篇

不是從獵槍轉用而來，
而是為了戰鬥而量身打造的霰彈槍，稱為戰鬥霰彈槍。
代表性的槍枝是義大利的SPAS 12
從外表看起來的確是很強的霰彈槍，究竟其實力如何呢？

◆原本就是為了戰鬥而研發的霰彈槍

SPAS是「Special Purpose Automatic Shotgun」的簡稱，是義大利Franchi公司的產品（不是德語「快樂」的意思）。數字的「12」意指12號鉛徑。

目前為止的軍隊或警察使用的霰彈槍，都是直接轉用自獵槍，或是追加部分零件來使用；但這把SPAS則是從一開始就是為了戰鬥用途而研發的霰彈槍。可以切換成半自動或是泵動式來使用。折疊式的金屬槍托、槍管上的前護木、獨立的握柄、全都是粗野的戰鬥風格，所以在『魔鬼終結者』和其他許多電影中都有登場。但實際上，作為戰鬥霰彈槍，在軍、警界並沒有賣得那麼好。

筆者在拿到SPAS 12時也有點疑惑。

霰彈槍必需在目標突然出現時立刻舉槍迎擊才行，不是「瞄準後」再射擊的槍種。打個比方，對於會動的目標，霰彈槍在使用時是像拿著棒子或其他工具指著獵物般地對射擊，但SPAS並沒有這種輕快感。「不能比M16更輕快地使用的霰彈槍就沒有意義了」這是筆者的看法。為了能夠輕快、即時地使用，比起突擊步槍般的獨立握柄，狩獵用霰彈槍的─也就是說像伊薩卡或雷明登那樣的握柄是更適合的。

基礎知識篇

手槍篇

步槍篇

衝鋒槍篇

機槍篇

狙擊步槍篇

霰彈槍篇

彈藥篇

在日本也可以用的買槍篇

SPAS 12

鉛徑：12號鉛徑
槍管長：550mm
全長：800～1,070mm
重量：3.95公斤
運作方式：泵動式槍機／半自動
裝彈數：7發

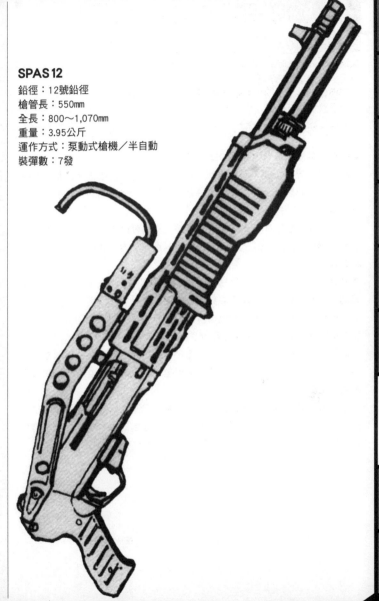

霰彈槍的瞄準方式

看完本章後應該可以瞭解到，
霰彈槍和手槍、步槍是以完全不同的概念來製造的槍了。
由於霰彈槍的使用方式、用途、彈藥都和一般的槍不同，
因此瞄準方式自然也不一樣。

◆在槍上裝瞄準具是沒意義的!?

　　霰彈槍的瞄準方式，和步槍完全不同。大部分的霰彈槍，就算裝有準星，也不會有照門。雖然把霰彈槍當步槍用時，會使用有照門的槍管，但基本上霰彈槍是不裝照門的槍。

　　那麼，霰彈槍該如何瞄準呢？是以棒子指著飛形中的物體般的感覺來射擊。只要把槍管想成「指東西的棒子」即可。也就是說用槍管指著目標就等於瞄準了。

　　霰彈槍的槍管上有稱為「槍管肋條」的鐵條。肋條上通常會刻有許多細溝槽，這些溝槽可以防止光線反射，好讓槍管看起來更像「棒子」。雖然有人會說「那這樣一來連準星也可以省了吧」，但大部分的人還是希望能夠明白槍管的最前端在哪裡，因此會裝上準星。

　　從前的霰彈槍是以黃銅來製作準星，但明亮又容易辨識的材料比較好用，因此也有用象牙或珍珠做的準星。進入20世紀後半之後，則變成了紅色塑膠製的準星。

　　最近有些射手會在霰彈槍上裝備紅點鏡。但筆者所擁有的霰彈槍是傳統的水平並排雙管槍，沒辦法裝上紅點鏡，目前為止也沒試過在霰彈槍上裝紅點鏡。

※準星／照門：參照第40頁。

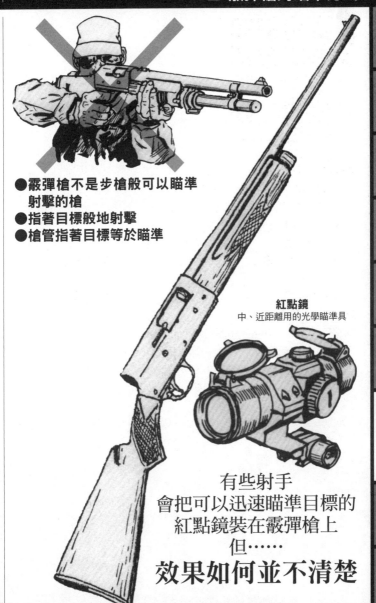

● 霰彈槍不是步槍般可以瞄準
　射擊的槍
● 指著目標般地射擊
● 槍管指著目標等於瞄準

紅點鏡
中、近距離用的光學瞄準具

有些射手
會把可以迅速瞄準目標的
紅點鏡裝在霰彈槍上
但……
效果如何並不清楚

基礎知識篇

手槍篇

步槍篇

衝鋒槍篇

機槍篇

狙擊步槍篇

霰彈槍篇

彈藥篇

在日本也可以用的實槍篇

在過去的刑事劇中，
常可以看到彈頭從中彈的刑警身上取出的場面。
因此有許多人以為
射入人體中的彈頭
其形狀和裝填前是一樣的。
其實這是非常大的錯誤。
本章將會解說
這對槍械來說很重要，
但被誤會很大的「彈藥」部分。

彈藥篇
AMMUNITION

基礎知識篇

手槍篇

步槍篇

衝鋒槍篇

機槍篇

狙擊步槍篇

霰彈槍篇

彈藥篇

在日本也可以用的實槍篇

火藥的基礎知識

不管是手槍、步槍或霰彈槍，
在「以燃燒火藥來讓彈頭飛出」這點上是相同的。
所有槍械的威力都來自火藥的化學反應。
要理解槍械的話，還是得學習火藥的基本知識才行。

◆雖然是火藥，但槍的「發射藥」和「炸藥」是不同的

發射彈頭用的火藥稱為「發射藥」。世界上的火藥種類有許多種，但裝在炮彈或炸彈中的「炸藥（破壞用途的火藥）」和發射藥是完全不同的東西，因此不能把TNT或黃色炸藥之類的火藥當作發射藥來使用。如果把炸藥拿來發射彈頭的話，槍身會被破壞；而如果把炸藥的用量減少到不會破壞槍身程度的話，彈頭就幾乎無發飛出。

◆從黑色火藥到無煙火藥

發射藥有黑色火藥（Black Powder）和無煙火藥（Smokeless Powder）兩種，黑色火藥是硝酸鉀、硫磺和木炭的混合物，直到19世紀末為止，說到發射藥的話只此一家別無分號。之後黑色火藥被無煙火藥取代，雖然以早期槍枝射擊的休閒活動中還是可能會使用到黑色火藥，但在現代已經不能說是實用的發射藥了。

無煙火藥的主要成分是硝化纖維。是把纖維素—也就是棉花等的植物纖維—以硝酸和硫酸處理而成。把酒精和乙醚等溶劑加入硝化纖維中，固定成塑膠粒般的形狀來使用。無煙火藥和黑色火藥比起來，產生的煙相當少，因此被稱為無煙火藥，但還是會有少許的煙。如果把無煙火藥做成大炮般大小的話就不能說它不會冒煙了。無煙火藥只需要黑色火藥的數分之一，就能具有和黑色火藥同等的威力，所以可以把子彈小型化。但無煙火藥會自然分解變質，所以不能數十年地長期保存。

※發射藥：也被稱為裝藥。英語是「Gun Propellant」或是「Powder」。
※TNT：三硝基甲苯。炸藥的主要成分。

◎火藥和炸藥的不同

[火藥=爆燃]

接觸到火的部分被加熱，火藥的成分因而氣化

▼

火焰轉移到物體上燃燒

▼

鄰近的部分也被加熱，燃燒範圍擴展到整體
（氣體的急速膨漲）

=

燃燒的進行方式和在
紙的一角點火
讓整張紙燒起來相同

[炸藥=爆轟]

起爆的地方產生衝擊波，在炸藥中擴散

▼

以超音速來傳遞壓力。在衝擊波通過之後，
壓力會急速上升（絕熱壓縮）

▼

被壓縮的炸藥，溫度會因此迅速上升，
出現劇烈燃燒（氧化反應）
（激烈的化學反應與氣體的急速膨漲）

=

不是從與火接觸的
部分開始燃燒
而是藉著從內部發生的
衝擊波來擴大燃燒範圍

基礎知識篇

手槍篇

步槍篇

衝鋒槍篇

機槍篇

狙擊步槍篇

霰彈槍篇

彈藥篇

在日本也可以使用的實槍篇

基礎知識篇

手槍篇

步槍篇

衝鋒槍篇

機槍篇

狙擊步槍篇

霰彈槍篇

彈藥篇

在日本也可以用的實槍篇

很重要的
發射藥燃燒速度

在現代，槍械的發射藥都是無煙火藥。
步槍用的發射藥和霰彈槍用的發射藥的化學成分是相同的，
但是如果把霰彈槍用的發射藥裝在步槍子彈中發射的話
槍會壞掉，這是為什麼呢？

◆掌握關鍵的是燃燒速度

如果把步槍用的發射藥裝在霰彈槍彈中射擊的話會怎麼樣呢？發射藥會在幾乎沒燃燒起來的情況下和霰彈一起飛出槍口，因此霰彈幾乎飛不了太遠。步槍用的發射藥和霰彈槍用發射藥，基本上成分相同，但在製造時燃燒速度被做得不一樣。

發射藥也被稱為「Powder」，也許是因為印象中的火藥和麵粉很像，都是粉末狀的東西。但實際上，發射藥並不是粉末狀，而是顆粒狀。顆粒的形狀有許多種，有球狀、圓盤狀、薄片型和圓柱型等等，也有通心麵般圓筒內中空的造形。這是為了控制發射藥的燃燒速度所下的工夫。簡單來說，燃燒同等重量的一大把衛生筷和一整塊的木頭，衛生筷的燃燒速度會比較快（表面積大的東西燒起來比較快）。發射藥也是一樣的道理，顆粒小的燃燒起來較快，顆粒大的則會較慢燃燒。

也就是說，射擊手槍般槍管短的槍，或是霰彈槍般沒有膛線的槍（彈頭通過槍管時的阻礙小）時，適合使用彈頭在離開槍口前就會燃燒完畢的速燃發射藥。槍管長而且刻有膛線的步槍則必需使用燃燒速度慢的發射藥來慢慢地加速（雖然說慢慢加速，但也只是千分之幾秒的時間而已）。

也就是說，發射藥必需配合槍種來調整燃燒速度才行。

※槍會壞掉：在發射彈藥時阻力較強的步槍中使用速燃發射藥的話，壓力會急速上升，在彈頭飛出去前槍就會壞了。

基礎知識篇

手槍篇

步槍篇

衝鋒槍篇

機槍篇

狙擊步槍篇

霰彈槍篇

彈藥篇

在日本也可以用的實槍篇

從彈殼中取出的發射藥、AOA鎢。仔細看的話，可發現發射藥是顆粒狀。

◎適合不同槍種的發射藥

手槍
（槍管短）

霰彈槍
（沒有膛線）

‖

適合使用彈頭離開槍口前
就已經燃燒完畢的速燃發射藥

步槍
（槍管長且有膛線）

‖

以遲燃發射藥來慢慢加速

基礎知識篇

手槍篇

步槍篇

衝鋒槍篇

機槍篇

狙擊步槍篇

霰彈槍篇

彈藥篇

在日本也可以用的實槍篇

各式各樣的彈頭形狀
是有其道理的

彈頭發射出去後是在空氣中飛行，
因此自然會受到空氣的巨大影響。
想讓彈頭命中目標，需要達到很多的條件，
其中之一是改變彈頭的形狀來對抗空氣阻力。

◆細長的彈頭、圓形的彈頭、平坦的彈頭……

遠距離射擊時，彈頭受到的空氣越小越好。因此步槍等重視遠距離射擊的槍械，它們的彈頭是如右圖1.般的尖頂流線造形。這種彈頭被稱為尖頭彈。

如果不注重遠距離射擊的話，比起細長的彈頭，粗圓形狀的彈頭對槍的壓力較小，而且命中精度也很好。如果肯定「不會做遠距離射擊」的話，不使用尖頭彈反而比較有利，因此狩獵用子彈大多是右圖2.般的圓頭彈（Round Nose）。手槍子彈也幾乎都是圓頭彈。

右圖3.般平頂的彈頭稱為平頭彈（Flat Point或Flat Nose），雖然以空氣阻力的層面來說是很不利的，但在管式彈匣中裝填尖頭彈的話，彈頭的尖端會抵到前方子彈的雷管，是很危險的，因此採用平頭彈。如果只是近距離射擊的話，在精度上沒有問題。

彈頭以高速飛行時，被劃開的空氣不會立刻流到彈頭後方，因此彈頭底部可說是真空狀態。這會成為把彈頭向後拉的力量，使彈頭的速度下降。如右圖4.般，把彈頭的尾短端縮小，由上而下看像船艦般的形狀，如此一來空氣就容易流向彈頭底部。這種造形稱為艦尾型（Boat Tail）。有時彈頭周圍會被刻上如右圖5.般的刻線，這是為了讓彈頭和彈殼可以緊密結合而做的夾壓槽。

※平頭彈：還有更極端的圓柱型彈頭—圓柱平頭彈，在手槍射擊比賽中使用。
※夾壓槽：Cannelure。

基礎知識篇

手槍篇

步槍篇

衝鋒槍篇

機槍篇

狙擊步槍篇

霰彈槍篇

彈藥篇

在日本也可以用的賣槍篇

圖1.

[尖頭彈]

空氣阻力小的流線型。
適合作為步槍等的遠距離射擊子彈使用。

圖2.

[圓頭彈]

粗圓型的彈頭（Round Nose），命中精度高。
適合作為狩獵用彈或手槍子彈使用。

圖3.

[平頭彈]

平頂型的彈頭（Flat Point或Flat Nose）。
雖然不利於空氣阻力，但在近距離射擊時命
中精度沒有太大的問題。

圖4.

[艇尾型]

彈頭尾部收縮的造形。
可以減少空氣阻力，以延遲彈頭飛行速度降
低的時間。

圖5.

[夾壓槽]

為了把彈頭和彈殼緊密結合，
所以在周圍加上刻線。

基礎知識篇

手槍篇

步槍篇

衝鋒槍篇

機槍篇

狙擊步槍篇

霰彈槍篇

彈藥篇

在日本也可以用的實槍篇

不能在戰場使用的彈頭!?

槍是種武器，用在戰爭上時，
照理說子彈的威力是越強越好。
在彈頭上下工夫的話，殺傷力也會提高。
但有規定，太過「凶狠」的子彈是不能用在戰場上的。

◆凶狠的擴張型子彈：達姆彈

現代的子彈是如右圖1.般，把鉛芯用金屬包覆起來的形式。包覆彈頭鉛芯的金屬殼稱為Jacket（金屬包覆層），除了彈頭底部外，全部以Jacket包覆起來的稱為全金屬包覆彈（Full Metal Jacket），也是軍用的普通彈（Military Ball）。

狩獵用子彈和軍用子彈不同，是如右圖2.般，彈尖露出部分鉛芯的類型。這種子彈稱為半金屬包覆彈（Soft Point或Soft Nose）。或是如右圖3.般，把彈尖做成中空狀的中空彈（Hollow Point）。圖2.和圖3.這類子彈被稱為擴張型子彈，命中動物的身體之後，會如右圖4.般地變形、擴張成香菇狀，甚至在體內破裂。因為這類彈頭無法穿透身體，所以會在體內跳動來釋放動能，因此殺傷力自然比全金屬包覆彈大。也就是說，比起被軍用子彈擊中，被狩獵用子彈擊中的傷害會大上許多。

這種擴張型子彈用在軍事方面時稱為「達姆彈」；語源來自英國殖民印度時，曾在印度的達姆兵工廠生產彈尖露出鉛芯的303 British。但在現代，因為達姆彈會給予「必要以上的痛苦」，所以被國際法禁止使用於戰爭中（不過用在戰爭之外的情況則不受限制）。

即使同為擴張型子彈，假如發射速度高，就算鉛芯的露出部分少或彈尖的中空部分小，彈頭也很容易變形；但如果像手槍般射速低的槍，就算鉛芯的露出部分多或彈尖的中空部分大，變形的效果也只是勉勉強強。因此手槍子彈的鉛芯露出部分或彈尖中空部分都會做得較多、較大。

※Military Ball：早期的彈頭是圓形，因此延用了Ball的說法。
※變形為香菇狀：英文為「Mushrooming」。

基礎知識篇

手槍篇

步槍篇

衝鋒槍篇

機槍篇

狙擊步槍篇

霰彈槍篇

彈藥篇

在日本也可以用的實槍篇

圖1.
全金屬包覆彈
（Full Metal Jacket）
除了彈頭底部之外，以金屬外殼把彈頭的鉛芯完全包覆，是軍用普通彈。

圖2.
半金屬包覆彈
（Soft Point）
彈尖部分的鉛芯外露。

圖3.
中空彈
（Hollow Point）
彈尖內部中空。

命 中 的 話 ……

全金屬包覆彈
前端不太變形

圖4.

半金屬包覆彈
變形得很厲害

中空彈
變形為香菇狀

[擴張型]

※「擴張型」子彈
※用在軍事上稱為「達姆彈」。現在被禁止使用於戰爭中。

各式各樣的
軍用彈頭

軍用步槍使用的普通子彈，
彈芯會以金屬外殼包覆。
但除了這種普通子彈外，也有許多構造不同的軍用彈頭。
在此說明基本的彈種。

◆穿透裝甲、發光、燃燒、爆炸!?

右圖1.是穿甲彈（Armour Piercing）。為了擊穿鐵板，因此把鉛與銻的合金包覆在堅硬的彈芯上，外側再包上金屬包覆層。第一次世界大戰時，穿甲彈能夠擊穿剛出現在戰場的戰車，但在現代，只能擊穿輕裝甲車而已。右圖2.是曳光彈（Tracer），在彈頭的底部裝入硝酸銀等可以發出明亮光芒的火藥，藉著光來看出彈頭飛行的彈道。機槍在攻擊飛機等的物體時，在間隔一定數量的普通子彈中混入一枚曳光彈的話，可以看出彈頭在空中如何飛行。

右圖3.是圖1.和圖2.結合成的穿甲曳光彈（Armour Piercing Tracer）。右圖4.是燃燒彈（Incendiary），用在攻擊容易燃燒的物體上。燃燒彈內部裝填的燃燒劑大多是黃燐。黃燐在接觸到空氣後會在常溫中自然起火，彈頭命中目標碎裂後，黃燐便會飛散出來，起火燃燒。

右圖5.是爆炸燃燒彈（Explosive Incendiary）。燃燒彈是因為著彈的衝擊，使彈頭碎裂造成燃燒；爆炸燃燒彈則是以著彈時的慣性來讓擊錘撞擊雷管造成爆炸。爆炸後燃燒劑會飛散在空中燃燒，是第二次世界大戰時德國所研發的彈頭。也有其他製造這種彈藥的國家，但因為在小型的槍彈中下這麼大工夫，並不是件實用的事，所以已經不再生產了。除此之外還有把1.和4.組合而成的穿甲燃燒彈（Armor-Piercing Incendiary Ammunition）。

※軍用彈頭：因為從外觀上不好辨識，所以在彈尖部分上色以做區別。大致上來說，黑色是穿甲彈，淺藍或深藍是燃燒彈，紅色或橘色是曳光彈。

圖1.

[穿甲彈]

Armour Piercing

圖2.

[曳光彈]

Tracer

圖3.

[穿甲曳光彈]

Armour Piercing Tracer

圖4.

[燃燒彈]

Incendiary

圖5.

[爆炸燃燒彈]

Explosive Incendiary

不只是回收再利用的
手製子彈

基礎知識篇

手槍篇

步槍篇

衝鋒槍篇

機槍篇

狙擊步槍篇

霰彈槍篇

彈藥篇

在日本也可以用的賣槍篇

有人說「步槍子彈有一半是貴在彈殼上」，
所以如果可以把彈殼回收再利用的話，就能省下不少彈藥錢。
這樣又環保又對荷包好……
不，自己做子彈不只是為了回收再利用而已。

◆製作適合自己的槍的特製子彈

現代的彈藥都是Cartridge式，所以射擊後一定會留下空彈殼。把雷管、發射藥、彈頭重新裝填到空彈殼中的話，就能重新使用，這叫重製子彈（Reloading）；用簡單的工具，自己進行重製子彈的工作，叫做手製子彈（Handloading）。

最近俄國製和中國製的子彈都賣得很便宜，所以有些人會覺得，想省錢的話只要買這些產品就好。不過如果自己備齊工具，花時間和精力來製作手製子彈的話，則可以做出最適合自己的槍的精密子彈（在射程短的射擊場以全裝彈射擊很浪費，所以有時會製作減裝彈在近距離射擊練習時使用）。

比起既製品，自己手工製作的彈藥，精度一定是比較好的……其實不然。在狩獵時想要打中獵物，除了用手製子彈之外，還需要有精度夠高的槍，以及其他許多訣竅才行。

如果只是用來狩獵，一般的手製子彈是沒有什麼問題；但在超精密射擊的時候，不同生產商製作的彈殼不能混在一起重製子彈。就算是同一家生產商製作的彈殼，射擊次數不同的話，就算發射藥的分量相同，著彈點也會不一樣。至於雷管和發射藥的差別就更大了。非注意不可的是火藥的種類，就算化學成分相同，燃燒速度也各不相同的無煙火藥，不依據使用的子彈來選擇使用的話，會很危險。因此彈藥生產商都會販賣手製子彈用的火藥資料集。

※既製品的彈藥：和手製彈藥（Handload）做對比時，會把生產商所製造的彈藥稱為Factoryload。

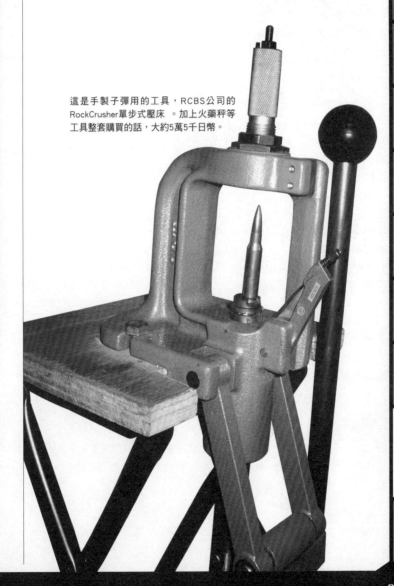

這是手製子彈用的工具，RCBS公司的
RockCrusher單步式壓床 。加上火藥秤等
工具整套購買的話，大約5萬5千日幣。

基礎知識篇

手槍篇

步槍篇

衝鋒槍篇

機槍篇

狙擊步槍篇

霰彈槍篇

彈藥篇

在日本也可以
用的實槍篇

CHAPTER.9

「在日本是不可能持有槍枝的……」
大部分的人都是這麼想的,
但其實這並非不可能的事!
本書的最後要介紹的是
購買真槍的正確法律知識,
及把複雜的購買方法做簡單易懂的解說。
只差一點點就能以真槍射擊了!

在日本也可以用的實槍篇
HOW TO GET REAL GUN

在日本也能使用真槍！

對於閱讀至此的讀者們，
我想已經得到基本的槍械相關知識了。
但對日本人來說，槍依然是「幻想中的東西」……沒有這回事。
就算在日本，一般人也是有辦法合法地擁有「真槍」的！

◆享受槍在身邊的方法

日本人要合法地射擊真槍，最快的方法就是當上自衛隊員或警察等等，會用到槍的公務員。但在現實中，成為公務員是有年齡限制的，而且有許多人沒辦法為了射擊真槍而做到這種地步。

另一種方法，就是本書刊頭介紹的，購買瓦斯槍或電動槍，來享受真槍的氣氛。買這類的槍不需要有特別的執照（當然還是必需遵守規則），是最輕鬆簡單的玩槍方法。尤其最近電動槍的進化相當驚人，Tokyo Marui的89式小銃還被自衛隊購買作為訓練用槍使用。自衛隊規格的電動槍，重量和平衡感等都設計得和真槍一樣。除了購買瓦斯槍或電動槍之外，還有被稱為「生存遊戲」的野外或室內戰鬥模擬運動。參加生存遊戲，也是在日本享受玩槍樂趣的方法。

◆果然還是想要「真槍」！

但也許閱讀本書的讀者中，有強烈感受到以火藥的爆燃化學反應來擊出彈頭的真槍的魅力的人在吧？其實在日本，一般人也有合法地持有真槍的方法。

※合法擁有真槍：雖然也有「不合法地擁有真槍」的方法，但本書並不推薦這種做法，犯罪是得不償失的行為。

※Tokyo Marui 89式小銃：據說被納入自衛隊的89式電動槍，為了防止出現意外事故，塗裝和真正的89式小銃不同，或是把一些零件的形狀做得明顯不同，好讓人不會混淆。

◎在日本以「槍」作為娛樂的方法

◆參加生存遊戲
（戰鬥模擬運動）
以瓦斯槍或模型槍
來享受使用
真槍般的氣氛

◆進行可以合法持有槍械的
射擊運動或
成為獵人

◆當上可以使用
槍枝的公務員

日本的制服警察

說到日本警察所用的槍，國產的新南部
M60轉輪手槍很有名，不過據說最近漸漸
更新為S&W公司的M37 Air Weight了。

●在日本會使用到
槍枝的公務員

● 警察（警視廳／警察廳）

● 自衛官（防衛省）

● 海上保安官（國土交通省海上廳）

● 麻藥取締官（厚生勞動省）

● 入國警備官（法務省）

● 刑務官（法務省）

● 關稅局職員（財務省）

基礎知識篇

手槍篇

步槍篇

衝鋒槍篇

機槍篇

狙擊步槍篇

霰彈槍篇

彈藥篇

在日本也可以用的實槍篇

基礎知識篇

手槍篇

步槍篇

衝鋒槍篇

機槍篇

狙擊步槍篇

霰彈槍篇

彈藥篇

在日本也可以用的實槍篇

禁止／允許持有槍械的法律

日本歷史上，早從明治時代起就禁止人民武裝。
對大多數日本人來說，真槍是「幻想中的東西」，
是因為嚴格規定管理槍炮的法律
其歷史很長久的原故。

◆不許人民持有「武器」

在日本，人民是不被允許持有武器的。舉例來說，刀刃超過20公分的短刀是武器，超過30公分的菜刀則是調理道具，不算武器；以這兩種刀來犯罪時，問題不在哪一種刀的殺傷力大，而是在於不能持有「武器」（相當的精神論）。因此持有「38式步兵銃」是不被許可的事。可以持有比它性能更好的狩獵用步槍，但38式步兵銃是武器，所以不能持有。現實中雖然也有人擁有38式，但在文件上不是「38式步兵銃」，而是「有坂6.5mm步槍」。

雖然在日本，不能把槍作為武器來擁有，但作為射擊運動或狩獵用道具，只要達成一定條件的話，還是可以擁有槍枝的。

◆銃砲刀劍所持取締法這條法律

作為依據的法律是「銃砲刀劍所持取締法」（以下簡稱為「銃刀法」）。在銃刀法中，模型槍和空氣槍也是被列管的對象。日本對一般人的槍刀規制，在世界上是相當嚴格的。但只要滿足一定條件，法律也能認可持有槍枝，所以只要依據銃刀法來申請，就能打開合法持有槍枝的大門。不過，能持有的槍枝口徑、全長和彈匣裝彈數也是有規定的。全自動射擊和附有消音器的槍是不被允許的。

※射擊運動或狩獵的道具：除此之外，建築用的釘槍等使用火藥的道具也適用於銃刀法。
※禁止持有全自動射擊槍：就算是槍械大國的美國，有些州也禁止人民持有能夠全自動射擊的機槍或衝鋒槍。

◎在日本也能進行的射擊運動

◆　　步槍射擊　　◆
大口徑：自選步槍三姿
大口徑：自選步槍臥射
大口徑：標準步槍三姿
小口徑：自選步槍三姿
小口徑：自選步槍臥射
小口徑：標準步槍三姿
空氣步槍：立射
◆　　手槍射擊　　◆
自選手槍
手槍快射
手槍慢射
空氣手槍
◆　　飛靶射擊　　◆
定向飛靶
多向飛靶
雙多向飛靶
移動靶
◆　　冬季兩項　　◆
越野滑雪和射擊結合而成的複合競賽

●可以在日本持有的槍枝種類與規定

●空氣槍
口徑8mm以內／全長799mm以上／裝彈數5發以內

●霰彈槍
12號鉛徑（18.5mm）以內／全長939mm以上／槍管長48.8mm以上
／裝彈數2發以內

●步槍
口徑10.5mm以內／全長939mm以上／槍管長48.8mm以上／裝彈數
5發以內

●不能持有的槍
手杖槍等「有機關」的槍／破損、故障的槍／能全自動射擊的
槍／裝有消音器的槍

基礎知識篇

手槍篇

步槍篇

衝鋒槍篇

機槍篇

狙擊步槍篇

霰彈槍篇

彈藥篇

在日本也可以用的實槍篇

持有霰彈槍
的方法

基礎知識篇

手槍篇

步槍篇

衝鋒槍篇

機槍篇

狙擊步槍篇

霰彈槍篇

彈藥篇

在日本也可以用的實槍篇

在日本，沒有「正當目的」的話，是不能持有槍枝的。
所謂正當目的是
「用來狩獵、驅除有害鳥獸或是標靶射擊之用途」（銃刀法第 4 條之 1）。
以收藏為目的來持有槍枝是不被允許的。

◆獵槍等講習會和射擊訓練

　　年滿20歲以上的話，就能以狩獵或標靶射擊為理由，按照程序來持有霰彈槍（空氣槍的話是年滿18歲即可。如果是作為射擊運動的選手而被推薦的話，也可以在年滿18歲後就持有霰彈槍）。

　　為了擁有槍枝，首先必需參加各都道府縣的公安委員會（透過警察的生活安全課）所舉辦的「獵槍等講習會」，並在筆試中合格。講習會基本上是2個月舉辦1次，日期或地點的話問附近的槍炮店是最快的（最近許多店家都有網站，可以直接在網路上搜尋「槍炮店」來尋找）。

　　為了參加講習會，必需先向自宅所在轄區的警察署提出參加申請。申請書可以在生活安全課填寫，但事先在槍炮店拿申請書寫好後再交出是比較好的。參加完講習會，筆試合格後，會發給「講習結訓証明書」。之後在公安委員會指定的射擊訓練場接受射擊訓練。接受講課、以訓練場的練習用槍來練習射擊（當然是以實彈發射），之後會有射擊考試。在考試中合格的話可以拿到「射擊結訓証書」，之後便可以決定要買哪把槍，向警方提出獵槍的持有申請。拿到「獵槍、空氣槍持有執照」後購買槍枝，在14天之內到警察局做真槍確認，之後便可以拿到購買火藥用的「火藥類讓受証書」。

※彈藥：真槍的持有是被銃刀法所管制；火藥的部分則是被火藥類取締法管制。

◎持有霰彈槍的流程

參加獵槍等講習會

在筆試中合格
（100分中答對70分以上）

拿到講習結訓証明書

申請參加射擊訓練

拿到射擊訓練資格認定書及
火藥類讓受証書
（拿到後，需在3個月內申請獵槍持有執照）

購買彈藥

在射擊練習場接受射擊訓練

在射擊考試中合格
（25發中，命中2枚多向飛靶、3枚單向飛靶的話就可以合格）

拿到射擊結訓証書

申請獵槍持有執照

拿到獵槍持有執照
（拿到後，需在3個月內購買槍枝）

購買霰彈槍
（在14天之內到警察局確認持有執照和槍）

在警察局做確認

使用自己的槍

基礎知識篇

手槍篇

步槍篇

衝鋒槍篇

機槍篇

狙擊步槍篇

霰彈槍篇

彈藥篇

在日本也可以用的實槍篇

以霰彈槍做飛靶射擊

成為霰彈槍的持有者之後，
就到靶場射擊吧！
銃刀法中也有規定「持有槍炮者必需維持、提升射擊技能」，
所以要勤加練習。

◆多向飛靶射擊和定向飛靶射擊

霰彈槍的標靶射擊，通常是飛靶射擊。飛靶是以石灰和瀝青製成的直徑11公分的盤狀物（Clay Pigeon）。飛靶射擊就是瞄準從拋靶機拋出的飛靶，以霰彈射擊，打破飛靶的運動。

飛靶射擊可分為多向飛靶和定向飛靶。

多向飛靶如右方照片（上）般，在5個射擊位置上排成橫排。從最左邊的射擊位置上發出「嗨」或「喔」的聲音後，飛靶就會拋出。飛靶不知會從正前方或是左、右方飛出。總之飛靶會在遠方飛出，第一發沒打中的話，可以射擊第二發子彈。一輪最多可以發射50發子彈。1號～5號都射擊完畢後，1號位置的人移動到2號，5號位置的人移動到1號，再從左方開始射擊。如此輪替5次，總共射擊25個飛靶為1輪。

定向飛靶的射擊位置如右方照片（下）般，是半圓形，飛靶會從右方的低拋靶房和左方的高拋靶房拋出。雖然飛靶的拋出路線固定，但因為射手會在半圓型的射擊位置移動，所以相對地角度也會改變。和多向飛靶每個射擊位置都有人不同，是全組一起在同一個射擊位置射擊完畢後再換位置。一輪有25個飛靶，但因為一個飛靶只能發射1發子彈，所以一輪可以發射的子彈為25發。

※靶場：也常被稱為射擊場。

※通常是飛靶射擊：也有像步槍般，從霰彈槍發射一顆彈頭，射擊步槍標靶的重彈頭射擊。

◎多向飛靶

多向飛靶是射手狙擊遠方的飛靶，但事前無法知道飛靶會從何處飛來。比賽為6人1組，因為射擊位置只到5號，所以多出的一人會在下一輪的射擊位置待機。（照片中是北京奧運的多向飛靶靶場，但這個靶場也可以兼作定向飛靶靶場使用）

◎定向飛靶

定向飛靶也是6人1組的比賽，射擊位置從1～8號，但是所有組員在同一個射擊位置射擊完畢後才再移動到下一個射擊位置上射擊（高、低拋靶房如照片）。據說定向飛靶較適合作為狩獵的練習。美軍把定向飛靶用來作為對空射擊的訓練。

在網路上檢索「飛靶射擊」的話，可以知道日本全國的靶場數量之多，相當驚人（但東京都內並沒有飛靶射擊靶場）。射擊運動意外地是很親民的運動。

基礎知識篇

手槍篇

步槍篇

衝鋒槍篇

機槍篇

狙擊步槍篇

霰彈槍篇

彈藥篇

在日本也可以用的實槍篇

持有步槍的方法

豪爽的霰彈槍很有魅力，
但也有許多人憧憬著成為瞄準一個點射擊的狙擊手吧？
對於有這種想法的人，可以從事步槍射擊。
但想擁有使用火藥的步槍，得花上一點時間……

基礎知識篇

手槍篇

步槍篇

衝鋒槍篇

機槍篇

狙擊步槍篇

霰彈槍篇

彈藥篇

在日本也可以用的氣槍篇

◆藉著標靶射擊來持有步槍的方法

想藉著標靶射擊而持有步槍，必需先得到日本步槍射擊協會推薦成為國家體育或奧運選手候補的推薦函。想拿到推薦函，則必需先拿到空氣槍的持有執照，成為日本步槍射擊協會的會員，一年參加2次以上的空氣槍射擊大會，通過5級的段級審查（認真練習的話，通常只要花一年的時間就可以通過5級審查）。

5級合格後，可以得到使用實彈的小口徑步槍的推薦。雖說是使用凸邊式22口徑長步槍子彈的小口徑步槍，但持有手續和霰彈槍一樣，都得先通過射擊訓練才能申請持有執照。之後在小口徑步槍的競賽中累積好成績，得到持有大口徑步槍的推薦。

◆藉著狩獵來持有步槍的方法

藉著狩獵來持有步槍，必需在10年間連續持有霰彈槍才行。在法律上，狩獵經驗年數雖然不是條件，但沒有實際進行狩獵的人，就算有10年的霰彈槍射擊經驗，去申請步槍持有執照，也會被質疑「到現在都沒打獵過的人，為什麼會突然想要用步槍來打獵呢？」。作為獵人，狩獵大型獵物必需用到步槍的理由，沒有好好向有關單位說明清楚的話是行不通的，要注意這點。

※日本步槍射擊協會：官方網站http://www.riflesports.jp/
※小口徑步槍：22口徑的步槍只能作為競賽用途，不能用來狩獵。

◎擁有步槍的流程

左側流程：

↓

申請參加射擊訓練

↓

拿到射擊訓練資格認定書及
火藥類讓受証書

↓

購買彈藥

↓

在射擊練習場接受射擊訓練

↓

在射擊考試中合格

↓

拿到射擊結訓証書

↓

申請獵槍持有執照

↓

拿到獵槍持有執照

↓

購買小口徑步槍

↓

在警察局做確認

↓

使用自己的
小口徑步槍

右側流程：

參加獵槍等講習會

↓

在筆試中合格

↓

拿到講習結訓証明書

↓

申請空氣槍持有執照

↓

拿到空氣槍持有執照

↓

購買槍

↓

在警察局做確認

↓

使用自己的槍

↓

加入日本步槍射擊協會

↓

一年出場兩次
射擊大會的公式戰
（只能以日本步槍射擊協會認可的
槍參加比賽）

↓

空氣槍5級審查合格

↓

得到日本步槍射擊協會推薦

基礎知識篇

手槍篇

步槍篇

衝鋒槍篇

機槍篇

狙擊步槍篇

霰彈槍篇

彈藥篇

在日本也可以用的實槍篇

基礎知識篇

手槍篇

步槍篇

衝鋒槍篇

機槍篇

狙擊步槍篇

霰彈槍篇

彈藥篇

在日本也可以用的實槍篇

步槍射擊的種類

空氣步槍、使用22口徑彈藥的小口徑步槍、
使用7.62㎜彈藥的大口徑步槍……
步槍射擊是可以用各種槍的比賽。
本單元會說明代表性的項目。

◆先從空氣步槍開始

　　步槍射擊項目有許多種，入門項目是以空氣槍射擊10公尺距離標靶，
使用4.5mm子彈的空氣步槍。使用的子彈便宜，靶場的使用費也便宜。圓
形計分把的10分圈直徑是1mm。有立射、臥射、三姿（立射、臥射、跪
射）等項目。聽到使用的是空氣槍，也許會有點沮喪，但空氣槍的比賽
也是個深奧的世界。

　　小口徑步槍是以22口徑凸邊子彈來射擊50公尺距離的標靶的比賽。10
分圈的直徑是10.4mm。

　　大口徑步槍是使用底火子彈的比賽，射擊距離是300公尺。10分圈的
直徑是10公分。但日本的靶場大小很少能到300公尺，所以有時會以較
短的距離舉行比賽。彈藥可隨選手喜好做選擇。有人會使用308（7.62
mm）或6.5mm子彈，不過標靶射擊時，後座力小的話會比較有利，因此大
部分的人使用的是6mm左右的子彈。有臥射、三姿等項目。大口徑中有
「狩獵步槍」的項目，但這不是以真正的狩獵用槍來比賽（原本應該是
這樣，但日本的法律不允許把狩獵用槍拿來在比賽中使用），所以是使
用比起競賽用槍，更接近獵槍的槍比賽。這個項目的比賽允許使用瞄準
鏡（其他的步槍射擊項目不可以使用瞄準鏡）。

※小口徑步槍：由越野滑雪與射擊兩個項目所結合而成的冬季兩項中，使用的也是22口徑的運
動步槍。
※大口徑步槍：最近奧運取消了大口徑步槍的射擊比賽。
※圓形計分靶：滿分10分的標靶。

◎奧運的步槍射擊項目

◇男子項目

■ 空氣步槍：男子10公尺空氣步槍60發立射

使用4.5mm口徑彈藥，射擊10公尺距離的標靶。
滿分10分，射擊60發子彈（最高600分），在日本國內大多是男女混合比賽。

■ 小口徑步槍：男子50公尺小口徑步槍60發臥射

使用5.6mm口徑（22口徑長步槍子彈），射擊50公尺距離的標靶。
滿分10分，射擊60發子彈（最高600分），在日本國內大多是男女混合比賽。

■ 小口徑步槍：男子50公尺小口徑步槍3×40

使用5.6mm口徑（22口徑長步槍子彈），射擊50公尺距離的標靶。
滿分10分，分別用臥、立、跪3種姿勢射擊40發子彈，合計120發（最高1200分）。

◇女子項目

■ 空氣步槍：女子10公尺空氣步槍40發立射

使用4.5mm口徑彈藥，射擊10公尺距離的標靶。
滿分10分，射擊40發子彈（最高400分）。

■ 小口徑步槍：女子50公尺小口徑步槍3×20

使用5.6mm口徑（22口徑長步槍子彈），射擊50公尺距離的標靶。
滿分10分，分別用臥、立、跪3種姿勢射擊20發子彈，合計60發（最高600分）。

基礎知識篇

手槍篇

步槍篇

衝鋒槍篇

機槍篇

狙擊步槍篇

霰彈槍篇

彈藥篇

在日本也可以用的實槍篇

雖然也能在日本做手槍射擊但……。

在日本可以持有的槍種，基本上只有霰彈槍和步槍。
但現實中也有使用手槍射擊的運動。
可是手槍的持有規定有非常嚴格，
相當難以取得許可。

◆雖然一般人也可以擁有手槍，但有人數的限制

　　日本也有手槍射擊的運動。首先是空氣手槍。想要擁有空氣手槍，必需先擁有空氣步槍，在比賽中取得好成績才行。但手槍射擊和步槍射擊是不同的運動，憑空氣步槍的成績來取得手槍的持有推薦有點奇怪，所以必需使用空氣手持步槍這種能像手槍般以單手射擊的短空氣步槍。以這種槍累積成績後，才能取得空氣手槍的推薦。但擁槍名額有人數限制，全日本只有500個名額。空氣手槍的射擊距離是10公尺，10分圈的直徑是11.5mm。

　　使用實彈槍的選手，大多都是警察或自衛隊員，幾乎沒有平民選手。這個部分的擁槍名額，全日本只有50名。

　　使用22口徑凸邊子彈的項目有：自選手槍慢射（距離50公尺）和手槍快射（距離25公尺）兩種。快射靶有5個中心線，以8秒、6秒、4秒的時間出現，以自動手槍速射這些目標。10分圈的直徑是10公分。

　　大口徑手槍可以使用自動或轉輪式手槍，但握柄的部分會特化成比賽專用的形狀。後座力小會比較有利。總發射彈數60發之中，有30發是以平均1分1發的速度做精密射擊，剩下的30是對每隔7秒出現3秒的目標做速射，距離是25公尺。

※子彈手槍：雖然是自己的槍，但不能放在家裡保管，必需放在警察局。要練習或比賽時再去拿出來使用。

基礎知識篇

手槍篇

步槍篇

衝鋒槍篇

機槍篇

狙擊步槍篇

霰彈槍篇

彈藥篇

用的實槍篇
在日本也可以

◎奧運的手槍射擊項目

◇男子項目

■ 空氣手槍：男子10公尺空氣手槍60發立射

使用4.5mm口徑彈藥，射擊10公尺距離的標靶。
滿分10分，射擊60發子彈（最高600分）。

■ 男子手槍慢射：小口徑自選手槍50公尺60發單手立射

使用5.6mm口徑（22口徑長步槍子彈），射擊50公尺距離的標靶。
滿分10分，射擊60發子彈（最高600分）

■ 男子手槍快射：小口徑速射手槍25公尺60發單手立射

使用5.6mm口徑（22口徑長步槍子彈），射擊25公尺距離的標靶。
滿分10分，射擊60發子彈（最高600分）

◇女子項目

■ 空氣手槍：10公尺空氣手槍40發單手立射

使用4.5mm口徑彈藥，射擊10公尺距離的標靶。
滿分10分，射擊40發子彈（最高400分）。

■ 手槍射擊：25公尺手槍60發單手立射

使用5.6mm口徑（22口徑長步槍子彈），射擊25公尺距離的標靶。
滿分10分，射擊60發子彈（最高600分）

◇手槍的持有限制

空氣手槍：全日本只有**500人**能擁有。

手槍：全日本只有**50人**能擁有。

※但不可以保管在自家中。

基礎知識篇

手槍篇

步槍篇

衝鋒槍篇

機槍篇

狙擊步槍篇

霰彈槍篇

彈藥篇

在日本也可以用的實槍篇

成為獵人的條件

銃刀法中所規定的正當持有槍炮的目的之一，就是狩獵。
在日本也是可以成為獵人的！
但要成為獵人的話，除了槍炮持有執照外，還需要其他的執照。
關於狩獵是有許多限制的。

◆要成為獵人，需要有狩獵執照

在得到持槍執照（霰彈槍或空氣槍）時，槍械的用途欄上只會寫著「標靶射擊」而已。如果想要用槍來狩獵，則必需拿到狩獵執照，在持槍執照上加上「狩獵」才行。

但狩獵用步槍則是相反，已經有狩獵執照，以霰彈槍來狩獵的人，在購買步槍時，用途欄上只會寫著「狩獵」而已。能以狩獵用步槍來做標靶射擊的只有受到推薦的人，獵人在靶場練習時不是「標靶射擊」而是練習狩獵（雖然有點奇怪，但法律就是這麼規定的）

為了狩獵，除了持槍執照外，還必需有狩獵執照才行。這也是會舉辦講習會，會後有關於狩獵的適性、知識、實作考試。考試雖然不是非常難，但沒有預習就直接去應考的話是很難合格的。因此獵友會之類的團體會先主辦預習講習會，事先參加這些預習講習會，研讀拿到的資料的話，合格率就會變高。

◆獵人的規則

不是有了狩獵執照，就可以不論時間地點地狩獵。狩獵時期被鳥獸保護法所規定，能狩獵的地點也有限制。而且獵人必需先在想狩獵的都道府縣做登錄才行。當然獵殺的動物也有規定，此外，把獵到的獵物吃掉是身為獵人該有的禮貌。

※狩獵執照：就算不用槍，只用陷阱的狩獵，也需要執照。
※鳥獸保護法：也被稱為狩獵法。正確來說是「鳥獸之保護及狩獵正確化之相關法律」。除此之外也有其他與狩獵有關的法律，要多注意。

□ 成為獵人的條件

基礎知識篇

手槍篇

步槍篇

衝鋒槍篇

機槍篇

狙擊步槍篇

霰彈槍篇

彈藥篇

在日本也可以用的實槍篇

看到這裡，一定有讀者對真槍和狩獵感興趣。

但想在日本取得真槍和狩獵情報是相當困難的，

最近有年輕讀者取向的『Fun Shooting』等真槍射擊專門雜誌出現。

雖然價格有點高，但對真心想擁有槍的人來說是很好的內容。

作者　筑波戰略研究所：かのよしのり
1950年生。自衛隊霞ヶ浦航空學校畢業。
任職於陸上自衛隊北部方面隊、武器補給處技術課研究班。
退休後主導「筑波戰略研究所」。
著書豐富，同時也是愛好狩獵的現役獵人。

主要參考文獻：

『鉄砲撃って100！』(かのよしのり／光人社)

『スナイパー入門』(かのよしのり／光人社)

『世界の拳銃』(ワールドフォトプレス編／光文社)

『世界の軍用銃』(ワールドフォトプレス編／光文社)

『図説 世界の銃パーフェクトバイブル』1～3 (学習研究社)

『[図説]ドイツ軍用銃パーフェクトバイブル』(学習研究社)

『[図説]アメリカ軍用銃パーフェクトバイブル』(学習研究社)

『最新軍用銃事典』(床井雅美／並木書房)

『図説　銃器用語事典』(小林宏明／早川書房)

『ＧＵＮ用語事典』(ターク・タカノ／国際出版)

『狙撃手』(ピーター・ブルックスミス／原書房)

『知っておきたい現代軍事用語』(高井三郎／アリアドネ企画)

『大図解　世界の武器』1～2 (上田信／グリーンアロー出版社)

『コンバットバイブル』1～2 (上田信／日本出版社)

『リアルガンダイジェスト』社団法人日本猟用資材工業会編／ホビージャパン)

『コンバットマガジン』各号 (ワールドフォトプレス)

『月刊Gun』各号 (国際出版)

『射撃教本　初心者用』(社団法人全日本指定射撃場協会)